The
Worry-Free
Mind

Carol Kershaw, EdD
Bill Wade, PhD

如何停止胡思乱想

〔美〕卡罗尔·克肖
〔美〕比尔·韦德 ◎ 著

方一雲 ◎ 译

上海交通大学 出版社
SHANGHAI JIAO TONG UNIVERSITY PRESS

免责声明

如果你的生理或心理健康出现了严重问题，这本书是不能代替药物或心理治疗的。

如果你怀疑自己的生理或心理健康状况，请寻求专业的帮助。

序 言

那些噪声是什么？

浴室的水龙头是不是又在滴水？你确定那些文件在中午之前能送到客户手里？近来，你母亲的健康是不是每况愈下？你能负担女儿申请的任何一所大学的费用吗？仪表盘上"检查引擎"按钮在闪烁，车子又出了什么问题？为什么你的伴侣不能理解那些……喂喂，等等，在送文件到客户手里之前，你在上面签字了没有？

凌晨3点，你头脑里的"仓鼠转轮"开始以每小时90英里的速度运转。4：30，你告诉自己，"我还可以睡上两个小时"。5：30，你依旧在期待睡眠的到来。6：30，闹钟将你惊醒，崩溃的一天又到来了。在办公室里，一杯浓咖啡让你打起精神。在家里，一大杯酒帮你轻松地度过了傍晚。然而，几个小时的半梦半醒之后，你的思绪开始"转轮子"，你又开始盯着闹钟数绵羊。

假如可以停止"焦虑循环"，你会怎么办？

工作和家庭的日常需求没有变化，然而，恐惧、不确定性和压力是可以选择的。如果你用活力、自信和平静代替疲惫、自我怀疑和不断焦虑，那么，你的生活、健康和人际关系会发生怎样的变化？如果你已经在思考"为什么生活的悲观要摧毁乐观"，或者在思考"为什么大脑不能停止那些持续不断的担忧"，这就意味着，你迫切地需要行动了。

利用我们提供的易于实践的方法和练习，你可以做到以下的事情：

· 粉碎使你陷入持续焦虑状态的幻想。

· 思路清晰且充满自信地迎接每天的挑战。

· 为了更加充实而愉悦地生活，放飞你的梦想。

我们将帮助你摆脱思维上的常规约束——那是你自觉或不自觉地为自己设置的条条框框，帮助你坚定信念，培养良好习惯，打破那一直试图拖垮你的焦虑魔咒。

发现更加平静和快乐的自己

你该如何从焦虑和反刍思维中抽身,进入冷静和平稳的状态?《纽约时报》畅销书作家、《每周工作 4 小时》(*The 4-Hour Workweek*)的作者蒂莫西·费里斯(Timothy Ferris)说道:"你不必成为超人、取得超人那样的成果。你只需一套好的工具箱,里面装满变革性的工具和练习,而这些工具可以引爆人们探索的可能性。"在神经可塑性、表观遗传学和量子物理学方面的突破性研究显示,你可以不是基因、环境或思维的受害者。你的状态如何取决于你选择将注意力放置何处。如果你的大脑将注意力集中在消极的一面,你的现实将同样变得消极,导致你一直处在焦虑的状态里。然而现在,你完全可以消除消极想法,享受当下,控制自己的思维,改变那些加剧你焦虑的有害习惯、观点和行为。

在本书中,我们将教会你如何在焦虑或恐惧要击垮你时,迅速地让自己冷静下来,创造激起你改变欲望的环境。通过神经系统科学领域最新的简单可行的办法,我们将使你转变大脑运转的方式——这种转变是显著的、可测量的。这样,你就能摆脱"破坏模式",唤醒快乐、健康和有活力的自己。

送你一个无忧密码

本书致力于为所有被长期焦虑损害了生活品质的人服务。通过识别大脑变化过程中的主要因素、利用大脑动态功能和治愈能力，我们帮助成千上万的人摆脱困境，战胜了生活中毁灭性的打击，也清除了那些一直在消磨他们精力的日常困扰。我们期望你和他们一样惊喜地发现，重塑思维和改变生活是完全可能的，并没有想象中的那么复杂。

这本书的首要目标是帮助你构建一种坚韧的内在生活，让你可以应对生活冲突。生活冲突是指生活中那些突如其来的不愉快的波折，它们使你偏离理想的道路，推迟你成为梦想中的那个人的进程。我们将带领你一起体验8种很有影响的大脑变化方式，它们基于神经系统科学、生物反馈、临床催眠和最好的心理治疗领域的研究。我们在这些研究中获益良多。

在这项有点儿像临床医生的工作里，我们不仅要教你如何平息焦虑的大脑，还要教你训练那些可以应对简单的生活挑战的"精神肌肉"。我们将向你展示的，不仅是克服焦虑，还有从焦虑中脱身而出，创造充满欢乐、有深度交流、情感在逐渐成熟的生活状态。

　　　　　　　　如何停止胡思乱想

此外，我们还将与你分享我们的患者如何战胜焦虑并最终拥抱理想生活的故事。从某种层面上来讲，这些故事提醒我们，我们的问题和焦虑不是特殊的，不是独一无二的，同时也给了我们信心，相信这些问题和焦虑是可以解决的。从更深的层面上来讲，这些故事能够成为能力、智慧和创造力的无意识来源。它们可能会引导你找到积极乐观的一面，帮助你挖掘尚未开发的潜力，建立自信，激发想象力，然后在现实中付诸行动。你一定已经见到很多人使用本书中的策略和思维改变方式，使自己的生活发生很大的改变。我们希望你能够尝试。我们确信你将会发现自己比想象中更加强大、更有能力、更有头脑。不要焦虑，我们将向你展示我们的"法宝"。

目 录 | contents

第一部分　搁置你的焦虑

第一章　我们为什么会焦虑

相信你的能力　·　006

将狮子误认成石头的后果　·　007

焦虑的原因：负面倾向　·　009

杞人忧天者是如何诞生的　·　011

充满力量的观点　·　015

快乐背后的科学　·　016

生活冲击　·　018

注意力和自我调节　·　019

唤醒水平　·　020

跳舞小姐的情绪历险记 · 022

你的个人故事如何"助攻"担忧和焦虑 · 025

故事是精神"燃料" · 025

进一步评估情绪反应和自我调节 · 029

第二章　平息恐惧，穿越困境前行

大脑是个"墨守成规"的家伙 · 037

控制精神是可能的 · 041

人体电/脑电 · 042

转移你的注意力 · 048

关注大图像 · 050

灵活地运用注意力 · 051

改变你的语言 · 053

"暖起来"然后"静下去" · 054

散个步，换种心情 · 055

学会"装腔作势" · 059

小结 · 060

如何停止胡思乱想

第三章　开个小差，再做重大决定

白日梦的重要性　·　067

发散性思维　·　072

小心！不要"迷路"了　·　073

正念冥想　·　079

做梦是为了构建未来　·　083

心理时间之旅　·　083

你会接收他人的焦虑吗？　·　086

让我们来集体"开小差"吧　·　086

开小差后的时光　·　087

心智游移做出的决定　·　088

打哈欠能够调节注意力　·　089

第二部分 大脑的超能力

第四章 如何通过深度放松化解焦虑

压力心态 · 097

压力制造 · 097

压力超载 · 099

为什么 θ 波会治愈焦虑 · 102

θ 波如何治愈焦虑 · 103

利用 θ 波重新编排我们的思维 · 107

如何进行深度放松练习 · 109

伊芙琳寻求"深度潜水状态" · 117

另一种显著的变化 · 119

第五章 告别焦虑，期待最好的未来

意图 · 127

动机和激情 · 128

消极的心理复述 · 129

未来定时 · 136

"延迟满足"的力量 · 138

限制性信念 · 141

信念体系结构 · 141

大脑的超能力：设想 · 144

挑战你的信念 · 145

第三部分　训练你的大脑

第六章　切换你的"大脑回路"

过去如何影响现在 · 158

我们真正需要的是什么 · 159

如何将神经再次模式化 · 166

行动计划 · 172

形成内在的稳定 · 174

人际间的神经模式化 · 177

做最好的打算 · 178

第七章　如何通过自我关怀保持最佳的内在状态

保持神经系统健康可以让你享受人生　·　182

健康的神经状态如何提升你的洞察力　·　183

专注自我可以改变未来　·　189

找到你的暂停键　·　196

深度自我　·　198

深度倾听　·　199

设计新的冒险经历　·　204

自我连接和共享连接　·　205

听从内心的声音　·　207

生成性对话　·　208

第四部分　点燃你的生命

第八章　全脑同步运作让你远离焦虑

自然界的"同步"　·　214

全脑同步运作状态的历史　·　215

如何让你的全脑 α 波频率同步　·　220

走进 α 波 · 222

甩掉焦虑 · 226

恢复力 · 227

全脑同步运作和你的潜能 · 228

全脑同步运作在现实世界中是如何运作的 · 228

调整你的思想状态和思想内容 · 231

第九章　从心流到超级思维

心流为什么有这么多好处 · 240

克服思想的局限性 · 245

心流循环 · 247

如何激发心流状态 · 249

催眠 · 251

心流有助于解决问题 · 254

在休息时间里"孵化"新想法 · 255

无意识的指导作用 · 257

心流状态中的巅峰表现 · 258

后记 · 261

致谢 · 263

PART 1

搁置你的焦虑

我们为什么会焦虑

你无法阻止鸟儿从你的头顶飞过，但却可
以阻止鸟儿在你的头上筑巢。

——中国谚语

玛丽午夜惊醒，心脏怦怦乱跳。是不是有人打开了厨房的门？哦，那是下水道发出的声音。丈夫在她身边轻轻地打着鼾，然而，她在黑暗里却觉得如此孤独，大脑开始飞速运转。她没能再入睡，舒适地做个美梦；相反，她会睁着双眼在床上躺几个小时，观看脑海里一组没完没了的幻灯片，上面播放着她整天担忧的大大小小的事情：两个孩子正挣扎着度过青春期；丈夫可能会丢掉工作，她将成为家里唯一的收入来源；年迈的父母需要的照顾，超过了他们固定收入所能提供的帮助；而房子，变成了他们永远也爬不出来的"钱窟窿"。

　　我们见到玛丽的时候，持续的焦虑和失眠带来的压力开始凸显它们的危害。她疲惫不堪，丈夫埋怨她太暴躁，对孩子们没有半点耐心，他们的生活变得暗淡无趣。她试着想象未来，所能想到的东西却都一成不变。我们问她，在她看来，让她变好的第一步是什么。她回答："睡觉。睡觉曾经让我从脑海的那些 B 级电影中得到解脱，但现在……"她疲倦地耸耸肩，双眼充血，恳求道："我怎样才能结束这一切？我怎样才能停止担心这些我不得不做的事情？更糟糕的是，这些毫无意义的事情不是已经脱离了我的控制，就是还没有发生。"

　　　　　　　　　　如何停止胡思乱想

我们问她想要什么。"我想要控制自己的思想，"她说，"我想变得更加放松和自信。我想让自己觉得一切会变好，这样就不会时刻感觉生活在危机里。"她补充道，但语气勉强，仿佛将要说的话都只是奢望："我很想为自己做一些事情，比如在海边散步，看着海鸥在水上滑翔。"

当我们告诉她，我们可以给她提供帮助时，她满脸疑惑。她将要去探索如何运用大脑来创造她所渴望的生活。

你，当然也可以。

你拿起这本书，阅读第一页。这就告诉我们，你想要改变。你想让自己从焦虑中得以解放。你想要停止那些让你夜间失眠的循环魔咒。你想要在早晨睁开双眼的时候，心里充满了希望和愉悦。你想要干劲十足地度过有意义的一天，不被那些令人消沉的可能性和随着即将到来的阻碍而来的恐惧所干扰。

你已经迈出了第一步。在这里，我们将帮助你顺利走完剩下的旅途。

相信你的能力

你并不总是在焦虑，对不对？事实上，你可能是毫无畏惧、充满期待地降临在这个世界上的。如果生活顺意，你会信心满满，对生命和它的运行机制怀着极大的好奇。试想，你开始学走路的时候你掌握了一种复杂的运动技能，它需要耐心、韧性，以及在字面意义和象征意义上的独立。你必须掌握平衡、调整重心，迈步向前而不摔跟头，留意途中潜在的障碍，而这些都是同时发生的。

而且，你也学会了各种调整情绪的方法。学习走路，你就必须学会勇敢，敢于尝试挑战那些你从未做过的事情；学会坚持，在每一次跌倒以后都要爬起来，并且挺过了疼痛；学会如何去冒险，哪怕知道可能会失败，也要再次尝试；学会如何面对恐惧，并战胜它们；你还学会了如何遵守承诺、努力实现目标。

你在无意识里记录了这些成绩，在未来的人生道路上，你就能从中吸取经验与教训。它们现在就在你的心里，已经准备向你提供你所需的勇气和支持。

那么，你为什么还一直在焦虑？

如何停止胡思乱想

将狮子误认成石头的后果

在回答问题之前，我们必须认识到这样的现实：世界的演变比我们想象的要快得多。远古时期，人类发展了迅速察觉并应对威胁的能力。生存过程中潜伏太多的不确定性，但假设性威胁无疑可以提高存活的概率。如果他们看见一块石头，将它误认为是一头狮子，肾上腺素飙升，从而使得他们做好应对潜在危险的准备。如果他们看见一头狮子，却误认为是石头，那么他们将成为狮子嘴里美味的大餐。"宁求稳妥，不愿涉险"对于我们的祖先而言是有益而无害的，他们所付出的体力消耗比我们多得多，将压力产生的化学物质排出了体外。

让我们向后拉近一万五千年。

在现代社会，遭受人身威胁的可能性极低，但所面临的精神压力却变得更加复杂。我们依旧像祖先一样存在"战斗还是逃跑"的本能。我们居住和劳作的这个残酷无情的世界，激起了我们的原始恐惧，迫使我们学习求生技能。一直生活在"橙色预警"级别的威胁和高度戒备中，通常会激起一连串"过度警觉"的反应，释放恐惧的化学物质；而这种物质可以使身体衰老，使大脑处在持续紧张和焦虑的状态。这种强烈的应激反应，可能会引发心脏病和癌症，降低免疫力，还会造成社会关系冲突。

每天，你所想、所感和相信的东西，都会影响到你体内的基因表达。你是你自己的基因工程师。你可以影响到你的健康、寿命，以及你的疾病和退化。无须学会调节你身体的内部环境，你就可以触发身体里有毒的化学过程，而这些过程产生的后果是毁灭性的。DNA 不代表命运，但消极的想法却真的可以激活 1200 个压力基因中的任何一个。而多数这样的基因能够导致慢性病、抑郁症和绝望。

你的大脑能够立即绑架你的情绪。你的早年经历也许会告诉你，生活在过度警戒的状态让你更有安全感；然而，现在一点小小的挫折或令人不快的意外，就能将你打回焦虑不安的"原形"。如果这种情况经常发生，在内心里长久忍受的这种循环就开始失去控制：你为一个感知到的威胁而焦虑，恐惧让你过度反应，过度反应使情况变得更糟；你更加焦虑，继而更加过度反应，情况更加糟糕……如此恶性循环。

然而，自始至终，一直造成你如此焦虑的"狮子"或许只是一块"石头"。

　如何停止胡思乱想

焦虑的原因：负面倾向

现在，你应该明白为什么大脑在面对状况的时候，先焦虑，然后才思考。哪怕是遇见了友好的人们或处在安全的状态里，我们仍会首先察看环境，确定是否存在危险。大脑倾向于察觉威胁，相比正面信息，它对负面信息的反应更加强烈。事实上，我们给予负面情绪的关注更多，因为我们往往会过度查找所谓的"FUD因素"①：恐惧、不确定性和怀疑。这就是我们大脑的"负面倾向"。

大脑的反应速度非常快，它会在瞬间告诉你这个人是否值得信任，哪怕你在意识里还未看清对方的相貌。在一项研究中，研究人员将真实的人脸和计算机生成的人脸，以低于意识知觉的速度快速闪过，来测试大脑的这种能力。结果显示，不管这些人脸看上去是否可信，大脑都能做出识别。当我们认定他们不可信时，我们就会迅速对他们做出否定的判断，哪怕我们并没有可靠的证据。这种知觉能力和控制恐惧、焦虑的能力紧密相连。当你确认某人是可靠的，你就会觉得

---

① FUD由恐惧（fear）、不确定性（uncertainty）、怀疑（doubt）三个英文单词首字母组成。

很平静。确认某人不可信时，你就会感觉受到威胁，觉得很焦虑。

　　焦虑往往让你困在对现实或幻想的担忧和不确定里，武断地做出消极判断，无法中途暂停，并对现实进行反思。这样的躁动使你不停地想要解决问题、寻求出路，却未想到过寻找轻松和解脱。如果你身处焦虑状态，会发现自己一直在试图寻找所有可能会变得糟糕的事情，这样你就可以做好准备去迎接它们。想想那些冷酷的古老谚语，它们正推着你走在那条道路上：

　　有备而无患。

　　如果你想要将事情做好，那你必须靠自己。

　　不要相信任何人。

　　这种生活方式的问题在于，你永远不会觉得已经做好充分准备来迎接幻想中的糟糕结果，所以你依旧在不停地焦虑。"如果……我将会……"是焦虑者经常反问自己的一般句式，而他们往往用最糟糕的预测来填补句式中的空白。

　　反刍思维是更加强烈的焦虑形式：强迫性地、反复地查找令人痛苦的因素，却没有能力将注意力集中在解决方法上。你可能会告诉自己，为可能出现的灾难制订应急计划，会让你感觉已经掌控了生活；然而，慢性反刍思维，即如马拉松一般长期地在大脑里播放斯蒂芬·金恐怖电影，可能会导致健康问题，如头疼、肠胃病、失眠症以及一般的身体上的疼痛。

杞人忧天者是如何诞生的

在确实存在威胁的紧急情况下，识别危险对你很有帮助。然而，当你依赖以反应过激的状态来建立焦虑模式的时候，你的交感神经就开始变得兴奋，心率加快、身体炎症加重、肌张力增加、血压升高，身体里充满紧张和不安感。

如果你长时间地承受负面压力，大脑就无法达到静息状态，所以你就很难得到放松，进入深度睡眠，更不可能恢复平静的情绪状态。你身体紧绷，困在反刍思维里，觉得心情很糟糕。在这种状态下，大脑形成新的神经通路，规划新的路线图，通向未来的观点、情感、思想、知觉和行为——它们会受到目前精神状态的影响，路线图的绘制也不例外。你的大脑开始将大大小小的生活冲击编织成为关于生活信念和规则的限制性模式。这种模式会引发焦虑的、恐惧的和情绪化的思维，干扰你的思路，阻碍你坚持到底的毅力，破坏你的信心和满足感。你的自卫习惯只会让你的人际关系更紧张，导致生意失败、健康受损、情感麻木。

你随时都可以在你的"私人精神中心"观看一部恐怖电影，再来一盒爆米花就更好了！你的大脑正是执行制片人。这个精神电影像磁铁一样吸引着各种层出不穷的问题，并增强各种负面情绪的强度。因为它将向你展示，你如何被那些问题折磨，你生活里的所有成功如何被阻碍，你如何不能拥有你所想要的，别人如何反对你并将一直反对你，你如何遭受非议，你如何被剥夺所有的财富，最终像一个无家可归的人在街上流浪，在余生中遭受失眠的无尽折磨，终将不会再有欢乐。

请深呼吸！镇定！

→ 现在就来试试吧

这是一个快速又简单的精神练习：花片刻时间来回顾一部关于你个人的"恐怖电影"。你是坐在观众席上的观影者，还是影片里有直接经历的演员？如果你是观众——那真是好消息！你可以轻易地改变电影。如果你是演员，那么你就可以改变电影的台词。

现在就来尝试做这些：

● 想象你坐在直升机里或热气球里，飞向天空，在上空将所有事情组成一部电影。视野变大，而镜头里的事物逐渐缩小。它周围的世界开始出现在视线里。你看见了什么？呀！这里有一只小鸟！那片云朵看上去像一头猪。你能看见你的房子吗？从热气球的高处往下看，世界是不是看上去很平和？

● 让自己置身在一个"精神影院"里，观看屏幕上的变焦效果。现在，走到最后一排位置上，从这个角度来观看屏幕，此刻的电影是什么样的？变小了？没有之前的那么糟糕了？你是不是可以看到所有的位置——可能有人坐在那里？从这个角度来看，你会发现并不是只有你才会遭遇这些问题，或者这些问题根本没有那么严重，它们可能比你想象的更容易控制。

如果你是电影里的演员，你可以将你的台词改成存在无限可能性的那种。比如："你真的不能再开生日派对了吗？"

生活能很容易地触发你最负面的想法，并让你一遍又一遍地回想遭遇过的所有消极事件。通过学习如何训练你的大脑，让它更具备灵活性和稳定性，你就可以创造更为积极的思维模式。

　　　　　　　　　　　　如何停止胡思乱想

充满力量的观点

当你有意识地进入全新的精神状态（如平静），你就会产生新的行为。所以，我们的首要目标是帮助你训练你的神经系统，减少恐惧。然后，你就可以再次训练你的思想内容。当你学会调节身体对意外的反应，中断习惯性焦虑和反刍思维模式，你将能长期保持快乐的精神状态。

开始，我们大部分的客户都半信半疑。"不可能会这么简单吧。我要谈一下我父母是怎么糟糕地对待我的吗？"

弄清楚你和你父母的关系，以及自己如何运用某种思维模式，对你是大有裨益的。确实，你对世界的感知受到了你早年全部经历的影响。但是，无休止地纠结于过去，不断抱怨所有的不公平，并不能让你有所进步，也不会帮助你找到解决问题的途径，更不会让你过上快乐的生活。不管怎样，打破你的思维模式吧！这样你就能摆脱过去的束缚，创造更有活力的未来。

作家安·拉莫特（Anne Lamott）说："我的思维是一个糟糕的邻居，我从来不敢独自去拜访他。"这种逃避策略可能会一时有效，但如果你真的希望有所改变，那就需要走进去，有所行动。

快乐背后的科学

玛丽，这位我们在开篇中就见过的焦虑失眠者，最终能踏实地睡上一觉，获得了她想要的平静，并自信、乐观地走向新生活。她是如何做到的呢？通过运用有力的干预手段来使大脑重获平静，我们根据神经科学的发现得出了以下观点：

1. 通过练习，你可以重新疏通大脑。 这种过程叫作自我导向型的神经可塑性。你的情绪、行为模式、态度和观点都与你的精神状态有关。如何以及在何处放置你的注意力，决定着你大部分时间里的精神状态。转移注意力，你将能改变你的精神状态。

2. 通过自我调节和对信念、感受和行为的控制，你可以做出改变，并能长时间拥有快乐的精神状态。 备受焦虑的困扰，一直在脑海里播放"我的未来最糟糕"的电影，会让你的大脑陷入持久危机。但当你学会有意识地控制自己并进行自我调节，你就能更加清晰地认识世界，更加合理地对待你的经历。例如，当你发现自己在毫无理由地抨击别人，通过自我调节，你可能就会意识到，你真正需要的是放下一些不好的思绪。通过这种方式，你就会自觉地选择一种能使你进入积极精神状态的策略，而不是盲目地在对你和任何人没有半点好处的精神状态里四处乱窜。

3. 你的身体状态反映你的精神状态。你非常清楚，焦虑会导致你肠胃不适或者头疼。你的精神状态每时每刻都会影响你的身体状况，它在发送那些会引导你行为的无意识思想和情感。当你不自觉地将平静的思想带入你的大脑，不管怎样，你都能够在你的神经系统里制造出惊人的变化。你确实可以通过重新疏通大脑来改变你的精神状态，重组你的思维来改变你的身体状况。

在我们的研究和临床经验中，我们得到的结论是：当你训练和控制你的思维和神经系统，让它们处于平静状态时，你的大脑就能以最佳的方式运行。当你为自己塑造环境来维持这种平静状态时，如从晚间新闻中休息一会儿，或者暂时戒掉社交媒体，你就可以在日常生活中减少焦虑和反刍思维。

但是当预料不到的事情以戏剧甚至是悲剧的形式，不可避免地出现在我们生活中，那会是怎样的一番场景？

生活冲击

你的生活过得非常顺利，突然，一些意想不到的事情将你甩出了正常的轨道，这些事情令你震惊，并让你暂时不能动弹。我们将这些突发事件称为"生活冲击"。它们乍然惊现，会伤害你，阻止你正常人生的步伐。一场暴风雨、经济挫折、情感虐待、失业、疾病、工作和伴侣带来失望，以上任何一种经历都会影响到你的安全感、与他人的关系以及自我价值感。生活冲击会在任何年龄段发生，然而，我们越年轻，就越难以应对它们。它们可以摧毁我们冒险的勇气，打击我们发现生活目标的积极性，阻止我们本来能够也应该为这个世界去作的贡献。

当我们受到伤害，生活在压力中，要为重获平静而斗争时，我们的行为就会发生改变。我们原始的求生本能出现，试图保护我们，但有时却以破坏性的方式出现。比如，假设你感觉很脆弱，容易受到伤害，甚至很愤怒，你会为了保护自己而变得内向。在孤独中，你可能开始担忧，朋友和家人是不是都在反感自己，这样的念头很快就让你高度戒备，导致你不问缘由地对所有情况做出糟糕的反应。对很多人来说，哪怕是生活冲突在逐渐消失，焦虑的后遗症却依旧烙在了身体里。

你越是担忧遭遇相同的生活冲击——哪怕是不自觉地，就越会感到恐惧和焦虑。早晨醒来的时候，你感觉很不安，甚至感觉胃里一阵抽搐。"到底是什么导致这种糟糕的感觉出现？"你问自己，你的注意力从一个点跳到另一个点，再跳到另一个点，不停地转变着。你需要和你的伴侣进行一次艰难的对话，你不得不解雇一位员工，财务上的烦恼，你年迈的父母，这些点开始循环转动，注意力不停地围绕着可能出现的最糟糕的预想。你感觉很孤独，尝试着解决问题，却不清楚问题到底是什么。

每个人都会遭遇生活冲击，但并非所有的人都会成为它们的手下败将。为了打破焦虑的恶性循环，你必须要做出改变。

注意力和自我调节

你的部分问题在于你将注意力放在了全部问题上。《心流：最优体验心理学》（*Flow:The Psychology of Optimal Experience*）的作者米哈里·契克森米哈赖依（Mihaly Csikszentmihalyi）注意到："我们所关注的对象和关注方式决定着生活的内涵和品质。"所以，如果你关注的是可能变糟糕的事情，那么，生活将会波折不断。如果你能够改变关注的对象，你就可以改变你的思维和生活的内在经验。

在 20 世纪 70 年代，生物反馈研究人员发现，人类可以察觉到非常微妙的内部感受，比如心率、手的温度和肌肉张力。每一种感受都关联着一种特定的意识状态。一旦你察觉到这些感受—— 一般来说只能借助生物反馈系统——你就能够学会控制它们，从而即控制了我们的意识状态。

但是，我们做出改变，并不需要生物反馈系统。之后，研究发现，人类可以通过训练来提高或降低脑波振幅。脑波和情绪状态有一定的关联，所以，如果你可以控制脑波，你更容易挺过苦痛，愉悦地度过大部分的时光（我们将在第二章解释原因）。你也不太可能会陷入那些让你感觉很糟糕的消极思想、负面情绪和不良行为里。通过练习，你掌握了自我调节的方法，证明了那句古语"能量流向注意力集中的地方"。

唤醒水平

我们的大脑有点像我们的私人国土安全部，评估威胁，并设置成相应的唤醒水平，大脑觉得这种水平最能保护我们。当生活顺心顺意，大脑就会处在最佳唤醒状态：不会太紧张，也不会太放松。当你处在《金发姑娘和三只熊》里金发姑娘的立场，你会感觉很放松，你的身心状态恰到好处。显然，危险事件——如三只熊走进家门——需要高的唤醒水平来让你迅速地做出反应；但一般来说，当你在低唤醒水平里学会成功地应对突然发生但没有生命危险的情况，你就能穿越坎坷的道路，迅速地恢复到平静的状态。

焦虑会让你困在高唤醒水平里，当你在并不是很危险的状况里过度"唤醒"神经，你的反应将会变得失常和紊乱，会对那些并不存在的危机做出反应。同时，如果你很沮丧，你会在需要高度反应的状况下出现低唤醒，这会让你的反应变得缓慢。在任何情况下，过度唤醒、疲倦或低唤醒、自由散漫的状态，都会最大程度地毁掉我们的努力。

我们的目标是帮助你学会自我调节，这样你的唤醒水平会让你放松而不是警惕，你无须焦虑地应对压力事件，从而能发挥最佳水平。我们希望你可以更加留意你应对各种问题的一贯方式：这是你的"缺省状态"，你静止的精神空间。（见图 1）

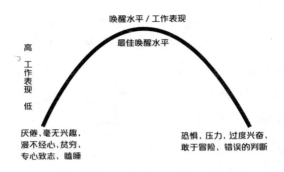

图 1　耶克斯·多德森定律示意图

跳舞小姐的情绪历险记

雷切尔是电信行业的一名高管，负责为公司制订金融政策。她一整天都在翻来覆去地思考，自己所做的选择是否正确。她无比害怕做出错误的选择，以至于每次做最终决定的时候，头脑竟是一片空白。害怕犯错的恐惧正在将她压垮，使她难以干好工作。老板开始向她暗示，很不满意她的表现。压力压得她夜不能眠，结果她疲倦不堪，有时会向朋友乱发脾气。

我们问她："你想要怎样的感觉？"

"我不想每天都在焦虑，"她说，"我想能够迅速地做

　　　　　　　　如何停止胡思乱想

出决定，并对它们充满信心。"

我们建议雷切尔尝试回忆平静和自信的时刻。

"那很容易，"她说，"我曾花一段时间在公司培训中学习心理策略，他们教我如何在工作中冷静地平息潜在的内心冲突。那真的很神奇！非常合我的心意。"

她在我们面前完全变了个样子，从一开始的焦虑，到厌倦，再到平静和充满好奇。

"那太棒了，"我们告诉她，"记住这种感觉。我们将努力让你经常体验那种感觉。这样每一次你感觉焦虑或恐惧的时候，就能够让自己从那种泥潭中抽身而出，最终使自己度过平静时光。"

大脑往往会将注意力从一种焦虑移到另一种焦虑上去，然后再移向别的不相关的主题上去。所以，在一段时间内维持一种精神状态是一种需要不断练习的技术活，它比表面看上去的困难得多。

下一次你感觉焦虑的时候，试着将注意力集中在呼吸上，维持一分钟。注意！发生了什么变化？你会发现，焦虑不可能和关注呼吸同时发生。

现在来思考，你如何保持某种思维方式或集中注意力，又如何定义它们。如果你的定义中完全没有"这个问题并不像表面上的那样难以解决"的可能性，那么你就将自己逼到了死角，除了干坐在那里自寻烦恼，别无他法。但是，解决一个问题，总有其他方法，所谓"条条大路通罗马"，只是有些方法需要你打破思想上自设的牢笼。

米尔顿·艾瑞克森（Milton Erickson），这位被《生活》（Life）杂志选入"美国顶级的 25 位临床医生"之列的著名精神科医生，曾经说过："你能想到的，便是你能做到的。"

艾瑞克森曾经住在菲尼克斯，他让他的学生思考这个问题："从菲尼克斯到图森旅行，有多少种方法？"他的学生给出了一般的回答：乘坐私家车、飞机、公共汽车、火车。艾瑞克森鼓励他们放松，允许他们从无意识中寻找别的答案。只是片刻工夫，创造性的点子响遍了整个屋子：乘坐热气球，驾驶飞机环游世界，挖掘地下隧道……

"非常好，"艾瑞克森以一种淘气的语气说道，"但你们的无意识里应该还有更多的方法，再试一试。"

于是，学生们使劲地打破思想的牢笼，向外想得更远：心灵传动、星体投射、鸵鸟赛跑。这种练习使我们意识到，你对一个问题设置了框架，就会限制它的解决途径，但如果你让思想自由翱翔，令人惊讶的想法就会冒出，你就找到了一个从未向你敞开怀抱的未来。我们利用这个技巧帮助了雷切尔，让她在自己面前打开了各种可能性，在解决问题和制订决策的能力上获得了极大的信心。

你的个人故事如何"助攻"担忧和焦虑

你对自己所讲的故事改变了你的行为方式。

我们构建的个人独特叙述，使我们的故事陷入"我们所信的都是可能的"这一想法里。但是，我们可以通过改变故事来打破这些可能性。我们不能消除我们经历过的痛苦，但我们可以重写关于这些遭遇的故事，从而学会掌控那些痛苦。琼·狄迪恩（John Didion）说过："我们给自己讲故事，是为了生活。"这些故事既可以帮助，也可以妨碍你的生活。重编故事，你就能扭转你的认识。于是，万事皆有可能。

故事是精神"燃料"

安布尔（Amber）是一所大型税务律师事务所的注册会计师，最近与合伙人产生了争执，开始担心对方四处散播关于自己的负面谣言。她的合伙人瑞芭（Reba）刚进入管理层，正行驶在晋升的职场快车道上。瑞芭"声名远播",因为她到处说人坏话,除了使劲阿谀奉承的领导之外。安布尔不想和瑞芭说话,但为了集思广益,更好地完成工作目标,她不得不去找瑞芭。瑞芭却避开了她,偷偷和别人讨论。安布尔对此很无奈,觉得自己无足轻重,随着时间的流逝,她完全不知道该怎么办。

我们问她,她叙述的故事在内心呈现怎样的一个画面。她描述了这个情景:大家都厌恶她,但老板很满意她的工作表现。下一个恐怖的情景闪过:她被公司解雇,然后被迫在别处工作,挣取可怜的薪水。

我们建议她重写一下故事,故事主角换成瑞芭。她平静了一下思绪,灵光一闪,于是将故事改成这样:瑞芭这么努力地阻碍别人的成功,通过散播别人的负面信息来获得荣誉,是因为她没有安全感,很孤独。不同的故事,改变了安布尔之前描述她不断恐慌、备受折磨却无能为力的冰冷情景。新的故事让她同情瑞芭,甚至让她意识到可以策略性地保护自己,让自己感到温暖又能置身事外。

其实你越执着于编写自己的故事,你越难以灵活地换个角度来看待问题。

→ 现在就来试试吧

研究显示，一方面，将负面情绪写下来会增强这些情绪，除非你将它们写到纸上，然后将纸扔进垃圾桶。另一方面，你可以通过写下备注来使自己平静下来。当你尝试在纸上组织你的文字后，你会惊叹于它所产生的效果。所以，给自己准备一支书写流畅的笔、一个崭新的笔记本和一张干净的纸。

在纸中间画一条直线，将纸张一分为二。在纸张的左边，描述你大脑目前的"默认状态"，以及现在每天的感受方式。

- 在 1 至 10 的范围内测量一下你的快乐值，1 表示很沮丧，10 表示很快乐。

- 心理和身体的感受方式会不会改变你生活、工作和社交的方式？

- 你如何评价你自己的感受方式？它是你想要的那种方式吗？

在纸张的右边，描述你所希望的精神状态。编写你憧憬的生活故事，是多一点冒险经历更有安全感，还是更加平静、有很多的朋友或有良好的人际关系更有安全感？

- 为了拥有更多你想要的，在未来一年里，你将期待有哪些事情发生？

● 心境更加平和，会对你享受生活、参与工作和进行社交的方式有什么影响？

● 当你对那些使你夜不能寐的焦虑进行反思的时候，如果不能按照你希望的方式来消除这些烦恼——或者说它们完全得不到消除，你会感觉到快乐吗？如果不会，那么请不断尝试，直到你想象出能够解决任何问题的乐观未来。哪怕你不相信它会发生，也无关紧要——你只需要想象它。你越经常这么做，你越会相信它能够实现。

成为自己的"私人侦探"吧。不要轻易就接受简单的答案。自我意识是寻找安宁和学会运用平静心态的第一步。在经过一个星期、三十天、九十天不断练习本书所提出的方法和技巧后，反复地对自我进行评估。你的进步将不断激励你朝着"平静安宁的精神状态"目标前行。

进一步评估情绪反应和自我调节

让我们再拿出一张干净的白纸，从中画出一条直线，将纸张一分为二。

你需要回答每个标题下面的 20 个问题，并在 1 至 10 的范围内评估你的反应：

1 = 程度很低、次数很少

5 = 程度中等、次数中等

10 = 程度很高、次数很多

再强调一次，左边的部分是填写你大脑目前的"默认状态"，右边是填写你的期望。

情绪反应

1. 当别人让你失望的时候，你的反应强烈吗？

2. 在人群里，你会感到焦虑吗？

3. 你会躲避人群吗？

4. 你有多高兴？

5. 当你身处压力状态的时候，你会变得焦虑还是沮丧，抑或两者都有？

6. 你经常惹怒别人吗？

7. 你现在有多满足？

8. 你会公平地评判别人吗？

9. 你乐观的心态能维持多久？

10. 你会因为自己的感受而经常责备别人吗？

自我调节

1. 你经常能够在苦闷之后恢复愉悦的状态吗？

2. 你很容易就能够改变你的行为？

3. 你如何评价自己的意志力？

4. 你觉得你在生活里是不是充满干劲？

5. 你经常麻痹自己吗？

6. 你经常用"甜点"或"巧克力饼干"此类碳水化合物来治愈自己吗？

7. 你的思维有多僵化？

8. 你会陷入习惯性的焦虑吗？

9. 你会觉得自己被别人迫害吗？

10. 你经常发怒吗？

当你比较这两组问题及其回答时，你将会看到一张凸显某些区域的平面图，那些区域显示着"你所是"和"你所想"之间的差别。当我们一路前行时，那些区域正是你想要将注意力和意图投向的地方。

你已经认识到，大脑天然地倾向负面事件，侦察环境中的危机。焦虑和反刍思维——这些关于未来可能要发生坏结局的斯蒂芬·金式恐怖"精神电影"——只会让你的焦虑值居高不下，而不能冷静下来去解决问题或正确地看待事物。除非你努力训练自己，让自己的大脑处于更加平静的状态，否则，这些"电影"将融进你的生活，成为其中一部分。你也已经认识到，过度唤醒会导致焦虑和反刍思维，而每一种精神状态都是由情绪、信念和行为的模式引起的。当你改变你的精神状态，你就会改变情绪、信念和行为，最终也会使你的现实情况得到改变。

◢ 箴言：

通过大脑练习，你能够改变你的精神状态，从而获得更为积极的行为、想法、情绪和态度的模式。

既然你已经非常清楚大脑是如何运行的，那你就已经做好去探索大脑如何将我们置于某种心境中的准备。现在，准备起跑了。你将要体验第一个改变思维的有效方法，它将尽力消除你的担忧和焦虑。

　　　　　　　　　　　如何停止胡思乱想

第二章

平息恐惧，穿越困境前行

我们的每一种意识状态都是一种或多种脑波共同作用的结果。

——安娜·怀斯（Anna Wise），《觉醒的心灵》（*Awakening the Mind*）

阿波罗 13 号飞船因 1970 年那个困难重重的登月任务而闻名，人们还以一部同名电影来纪念这个伟大事件。但事实上，在一场爆炸迫使宇航员中途放弃并拐道返回地球之前，这个任务早就备受干扰。在训练期间，宇航员们反复恶心，其中几位还患上了癫痫。项目负责人判断可能是溢出的火箭燃料气体造成的，所以请来了加州大学洛杉矶分校的心理学家巴里·斯特曼（Barry Sterman），让他来分析是否是这个原因。此前，斯特曼研究了猫的睡眠类型，认为当动物们处于放松状态时，它们会产生 14 赫兹的脑波频率，它被称为"感觉运动节律（SMR）"。他很好奇，猫是否能够随意产生这种脑波频率，于是将它们连接到脑电图（EEG）仪器上，读出它们的脑波情况。每当它们提高 SMR，他就奖励它们牛奶和鸡汤。猫很快就弄懂了，频繁地提高它们的 SMR 来获得牛奶和鸡汤。

为了查找原因，美国宇航局（NASA）要求进行另一项完全不同的项目。斯特曼同意火箭燃料测试，将他的一群猫暴露在火箭燃料气体里。果然，很多猫出现了与宇航员相同的反应：火箭燃料气体确实会引起癫痫。这些研究员还有另一个惊人的收获：经过训练提高 SMR 的猫所做出的反应和没有经过训练的猫是迥然不同的。斯特曼发现，习惯于产生高于 14 赫兹脑波的猫更能克服它们神经系统里的毒素的影响。斯特曼还偶然发现，一种训练大脑的过程——现在称为"神经反馈"，对我们治疗焦虑、抑郁和其他精神疾病有着明显的效果。他的研究给我们带来了好消息。如果猫都能改变它们的大脑活动、改善身体状况，那么人类当然也可以！

改变大脑活动，你对应的精神状态（比如，从悲伤到喜悦）反过来也能让你控制你的反应。窍门就是学会将你的注意力从那些令你压抑和焦虑的事情上移开。当你打断焦虑思路，你就会激起重要的生理改变。只是将你的注意力从释放一氧化氮的问题上移开！这会减轻炎症，激活治疗过程，抑制应激激素，降低血压和心率，使思维更清晰。这个调整过程是需要练习的，然而，一旦你掌握了它，就能随意地使身心获得安宁，这将对你的人生观产生重大影响。

当你关注的是那些让你平静的事情，而不是内心的纠结，你就不会焦虑。这本书所提供的几种方法将教你如何培养"注意力转移"的本领。这种本领会产生连锁反应。一旦你学会让自己经常处在乐观无忧的精神状态里，你将能清除那些让你远离目标的障碍，让你对生活有更强的控制力、更有责任感。这样的话，你在收获成功和欢乐的路上会走得更远。

几乎任何一种吸引你的注意力、带给你积极心态的活动都能帮助你消除焦虑。举个例子，凯尔西（Kelse）是一位治疗师，也是我们的一名学生。她曾摔了一跤，患上了严重的脑损伤。她的身体在慢慢衰竭，之后就难以集中精神，也难以条理清晰地进行思考。当医生告诉她，他已经无能为力的时候，她却想出了自己的方法，通过重复进行文字游戏和记忆练习来训练思维。每天，她都要玩 3 个填字游戏，记忆 5 个新单词，并复习前一天的内容。这样，她在学习有趣的东西之后，再学习枯燥的，然后自问自答与所读内容相关的问题。不仅如此，她还玩俄罗斯方块，这种游戏需要注意力高度集中。她发现，当她反复回想前一天和前一周的对话时，她的记忆力明显提升。她也意识到，在休息的时候，她的表现更加出色。总之，她发现这种训练让她备受鼓舞，尤其是感觉到自己在进步的时候。在大约九个月的时间里，她每天会训练 20 分钟。渐渐地，她发现，经过练习，大脑神经回路会对记忆力、注意力和毅力进行再度的训练。她的思路变得更清晰，于是，她重返工作岗位。

文字游戏和记忆练习对凯尔西有效，你也可以选择电视游戏、乐器演奏或唱歌、智力游戏、体育游戏等。"心流"是一种注意力高度集中的状态。当置身于这种状态，你就不会产生焦虑思绪。与所有的大脑训练一样，你练得越多，效果就越持久。

大脑是个"墨守成规"的家伙

多年以前，唐纳德·古德温（Donald Goodwin）和他在华盛顿精神学部的同事进行了一项有趣的研究。他们不费吹灰之力就找到了志愿者：这个实验需要大学生喝酒直到酒醉。一旦喝了酒，他们就被引导着记忆没有意义的词语，之后用分数记录他们的记忆情况。等学生们清醒了，研究者再对他们的记忆进行测试，然后发现，他们清醒状态的表现没有醉酒状态时出色。为了排除"分数出现差别是因为两次记忆之间有时间间隔"这一原因，研究者让学生们再次喝醉。不允许他们有任何时间进行回顾，研究者立刻对他们进行了测试。结果令他们震惊。学生们在第三次，即再次醉酒状态的测试表现，和第一次（醉酒状态）的测试是一样的，却比第二次（清醒状态）的测试要出色。这就表明，当你在同一种精神状态中学习时，你的记忆是最好的。所以，下次你因为忘记了一条重要信息而备受挫折时，尝试将自己置身于你第一次学习这条信息的精神状态里。那是信息被编码的方式，所以，也是最能重新找回它的地方。

对于重新体验某种情绪，这种方法也同样有效。我们常常被教育，为了解决一个问题就必须面对它，像啃着骨头的狗一样对着问题紧咬不放，直到找到解决办法。但是，那完全是一个错误。每当我们遭遇麻烦或令人焦虑的事情，大脑就会在神经通路中进行标记。将注意力集中在问题或事件上，比如，在过去的某件事上反复纠结，试图找出你还能做的事情，这样只会让那些神经通道更加活跃，让你困在同样的思维模式里——你第一次遇见问题时的那种思维模式。爱因斯坦曾说过："我们不能用制造问题的同一水平思维来解决问题。"然而，当我们处在积极的精神状态时，像信心、勇气、毅力和乐观这样的内在资源一般都会被编码。我们必须回到那种精神状态里。

决心进入自己所期待的状态是需要耐心和练习的，正如我们的客户戴维（David）体验到的一样。他正在艰难地离婚，过程困难重重。他惊讶地发现，除了像愤怒和悲伤这些他能预料到的情绪，焦虑在慢慢地将他击垮。对未来的想象，哪怕只是瞬间闪过，也会让他心悸不已。孩子们想不想和他一起度假？他们会不会找别人来代替他父亲的身份，向那个人寻求支持和指导？如果他们永远也不能接受他的女朋友，而

　　　　　　　　如何停止胡思乱想

女朋友也受够了这些闹剧而选择离开，他又该怎么办？离婚后他变成了穷光蛋，又将如何支付他们的大学费用？

　　戴维读过很多励志书籍，严格按照书上的建议，试着深呼吸、回忆高兴的事情，以遏制焦虑。当他尝试放松、缓慢地呼吸时，他发现他的紧张感在增强、心率在升高。于是，一连串的消极思想和感受出现了，尤其是晚上他尝试入睡的时候。我们见到戴维的时候，他已经试过了十几种技巧，但没有一种能奏效。

　　我们安慰他，他并没有做错任何事。这些技巧没有起作用，是因为它们没有考虑到大脑是如何运作的。大脑是系统性的，记录情绪和行为的模式，将它们放置在记忆里，然后将它们转换成特定的精神状态。我们不自觉地能记住某些事情给予我们的某种感受。通过唤醒这些感受，我们就能激起那时候的精神状态。但是，从强烈的焦虑感一下子转变到极端的放松状态，要付出很大的代价。你必须建立一座桥，将两种对立的极端状态连接好。如果戴维想要摆脱他的焦虑，需要学会慢慢地进入一种新的精神状态。

　　我们让他想象一下，在1到10的范围内，1代表完全放松，10代表恐慌，那么在他回家的那天晚上，他的焦虑水平将达到10（当然，没有这么夸张，但他真的非常接近10了）。

他会做些什么来将这个数值降到 9 呢？他说，会给自己放些音乐。我们让他继续努力，问他接下来怎么做才能将数值降到 8？他说，带着狗去溜一圈会让自己很放松。我们让他制订出具体的步骤，按照步骤执行来将数值慢慢减少，通过这样让他的思想远离所有无法回答的问题及其带来的恐惧。这些问题不会同时发生，所以我们可以帮助他各个攻破。

带着狗散步不仅可以亲近自然，还是一种让人放松的有效方法。散步可以刺激创造性思维，所以，你可以在散步时集中精神想出消除其中一种恐惧的计划。我们建议戴维，想象自己可以找到创造性的解决办法。如果他并不清楚那些办法具体是什么——因为创造性的解决办法，通常需要在脑海里酝酿一段时间才会成形，那也没有关系，重要的是想象你拥有阿基米德那样的发现时刻。

戴维进行了"散步"和"想象"的实验，很快就感觉自己好受多了。他相信已经找到了一个成功的方法来解决曾担忧的"如果……就会……"的假设问题。

由于对自己迎接生活里所有的挑战，特别是维持和孩子们的关系的能力缺乏信心，戴维的焦虑加剧了。为了完全摆脱焦虑的枷锁，他需要逃离第一次感到焦虑时的那种思维模式。我们安抚了他，离婚后可能遇到的麻烦事，他同时需要

如何停止胡思乱想

找到可以让自己自信地解决问题的情绪来源。在我们的鼓励下，他开始回忆他下定决心来完成某事情的所有时刻：从取得硕士学位到学习吹口琴。每当他感觉焦虑悄然而至的时候，回忆那些时刻可以增强信心。他越是将自己调整到无反应的思维状态，就越有创造性、越机智、适应性越强，直到他能够优雅和平静地主宰离婚后的生活。

用不同的办法让心情得到放松的试验，将为你绘制一张有助于改变情绪的蓝图。你将知道，如果削去那些"棱角"，你会有一定的进步；如果需要完全放松，你就需要进入热水浴缸里，舒舒服服泡个澡。如果你两者都不能完成，只是回忆在完成一些事情时的感受，也足够让你产生相应的精神状态。获得适当的精神状态——不管是勇气、好奇，还是坚定的信念——这是战胜所有逆境的前提条件。

控制精神是可能的

我们的精神和情绪状态都是脑波的产物。当你的神经元发出电流信息，就在大脑中激活了一个能使你完成任务的过程。如果信息发送顺利，你就会头脑敏锐，在轻松、舒适、平静中度过一天。比如，付账时你很专心和警觉，这就要求一种快速频率的脑波，叫作β波；当你需要沉思或领取报酬的时候，你的大脑很容易发出频率较慢的α波；当你开始考虑将来该如何支付某项费用的时候，大脑将会产生频率更慢的θ波，来帮助你想出解决方法；而当你因为解决了某些潜在问题而庆祝的时候，你的大脑就会返回到α波状态。

拥有一个平衡型大脑，意味着你很容易在不同的大脑状态间熟练地切换，会以一种友好、充满安全感、接纳性的心态来看待这个世界。失衡的大脑则相反，你很难在不同的大脑状态里转变，也很难改变你对世界的认知。例如，如果大脑被困在不停重复的想法里，这种淤塞可能会让你透过一个狭窄的带着"威胁""危险"和"孤僻"色彩的镜头来看待生活。如果你很难从白日梦中摆脱出来，集中精神到课堂上，那表明你的大脑正挣扎着转变到另一种状态。但好消息是，你对大脑状态的控制比想象中的要强得多。

人体电 / 脑电

你的大脑在不断地发射电脉冲，电脉冲可以用"赫兹"来计量，它的意思是每秒脑电活动的周期。脑波分为五种，

　如何停止胡思乱想

频率范围从 0.05 赫兹到 100 赫兹。占主导地位的脑波决定着你的大脑状态，这会令你产生相应的情绪。处在任何一种脑波状态的时间太长或太短，都会让你无法更好地完成一件事。

这五种脑波总是同时运作，尽管它们的比率随着你的活动的改变而改变。有时，其中一种占据了主导地位，哪怕是在你的新活动需要另一种脑波时也不避让。这时，问题就接踵而来。阅读需要频率较快的脑波，让你对书本保持兴趣；如果在阅读时你思绪恍惚并觉得无聊，这意味着频率较慢的脑波正在增加。如果你要睡觉了，但频率较快的脑波并没有弱下来，那你就要躺在床上数上很长时间的绵羊。为了弄清楚哪些脑波可以用来消除焦虑，你需要更加了解每种脑波的情况。

我们利用 β 波（12 ~ 35 赫兹）来完成认知任务和集中注意力。人体总是试图保持平衡。当你处于 β 波的时间过长，尤其是你需要放松的时候，你最终只能感觉到焦虑和抑郁。比如，朋友们要来你家做客。你意识到需要打扫卫生，所以你的 β 波启动了，帮助你完成这件事。通常来说，当你开始打扫，房子渐渐整洁起来的时候，一种新的脑波就会占据主导优势。但是，如果 β 波一直占着主导位置，毫不退让，你在清扫的时候就开始为"客人觉得房子够不够干净"而着急，导致你很担心没有充足的时间来打扫房间，然后又导致担心"如果房子不够干净的话，客人们会怎么想你"。一种担忧引起另一种担忧，你在里面不停地转圈，直到焦虑将你压倒。你很难切断焦虑思想，得到放松。陷在β波里的人往往会过度关注负面信息，将事情想得比实际要严重得多，结果就导致"灾难化思维"的出现。

比如，如果一位母亲处在β波里，过度关注孩子的糟糕成绩，她的想象可能像脱缰的野马，让自己确信孩子永远都上不了好大学。母亲想着，只要不停地关注如何提升儿子的成绩，她就能摸索出解决的办法。然而，反复地纠结这个问题，却不尝试转换自己的精神状态，这只会让她陷在进退两难的境地中，而这种境地不利于创新性的解决方法的产生。摆脱这种僵化思维的唯一出路是转变大脑状态。在这种情况下，母亲可能需要扩大参照系的范围，通过自觉地将大脑状态从β波转变成α波，逐渐摸索出解决的办法。

α波的频率范围是8～12赫兹，它能提供我们所需的舒适，所以我们在完成一个需要β波的认知任务（如计算我们的税金）后可以恢复活力。α波的频率范围意味着，它能给你"忽略不合时宜的焦虑想法"的权力，让你回归一种更加舒适的内心状态，而且在这种状态里你可以不加判断地

　　　　　　　　如何停止胡思乱想

接受信息。达到 α 波状态的一个轻松办法是冥想，或者在 5 分钟里反复地从 1 到 5 地数着你的呼吸。

然而，当你陷在 α 波里时，你会显得对任何事情都过度冷淡，没有一点紧迫感。一个小伙子在看电视，可能感到饿了，但当他母亲来叫他吃晚饭时，却依旧没有动弹。那是因为 α 波将他变得温暾，他不仅没有听到母亲的呼声，而且还可能没有留意到饥饿。尽管这种状态让你感觉很舒适，但 α 波并不能让你有更多的成就。

θ 波的频率更加缓慢，在 4 ~ 7 赫兹之间。这种频率的脑波可以让你的大脑进入"半梦半醒"的状态。它们可以消除焦虑和反刍思维，这对上面提到的那位生气的母亲很有帮助。θ 波还能帮助你治愈疾病。不断处在 θ 波里可以减少情绪化进食、提升幸福感，还能让你保持直觉敏锐的状态。遗憾的是，相比 α 波，长期处于 θ 波会让你更加孤僻、效率更低。尽管 θ 波能够让你获得直觉性的信息——这些信息最终被证实是有用的，但你还是需要将脑波转变成 β 波，将信息运用到实际中去。

δ 波可以让你进入深度睡眠，让你恢复活力。它减少皮质醇，使人进入无意识状态。在睡眠周期里，δ 波释放人体生长激素（HGH）、多巴胺和血清素。δ 波对睡眠非常重要。

当人大脑处于清醒状态，大量 δ 波的释放会增强人的怜悯感。δ 波的频率范围只在 0.05 ～ 3.0 赫兹，相当于每秒进行 1.5 到 3 个能量循环。

如果你长期处在 δ 波状态，这可能是脑损伤和脑疾病的征兆。尽管脑损伤患者可以产生少量的处于主导地位的 δ 波，但他们清晰思考的能力会缓慢降低，甚至感觉到迷糊不清。困在 δ 波里的人往往难以完成认知任务，或者在短期记忆上存在重大问题。如果不进行治疗，长时间使大脑昏睡的慢性 δ 波，将会是从退化性疾病变成大脑恶化的潜在迹象。这种问题需要神经病学家的介入。

最后是 γ 波，在 35~70 赫兹的范围里。这种状态鼓励精神高度集中，让你增强快乐感，产生更多创新性的想法，制订可以完成目标的计划。事实上，当你突然蹦出个灵感，这就要感谢 γ 波。你形成新念头的前一刻，正是 γ 波突增的时候。你的大脑利用这种脑波来切断焦虑和反刍思维的去路。γ 波的增加通常可以让人们摆脱糟糕的焦虑，增强平和与自我重视的感觉。但是，为了能够主动产生 γ 波，你必须在冥想训练上花费一段时间。一般来说，高级禅修者的 γ 波活动比初级禅修者更多。尽可能待在 γ 波状态里，这看上去显得很理想，但你必须返回到其他脑波状态里，在这个

　如何停止胡思乱想

世界里活动。尽管佛家弟子花时间进行冥想，但他们也必须走出这种状态，在寺庙里劳作。

我们往往是通过出生的家庭和生活经验来获得我们占主导地位的脑波状态。如果你的主导脑波是 β 波，你可能会精力充沛、紧扣目标，且容易兴奋。冥想者可能会更多地处在 α 波，对人和物的反应较为缓慢。θ 波占支配地位的人往往会收集关于他人的信息，并显示出善解人意的倾向。δ 波为主导脑波的人可能很难从沙发上爬起来，将事情完成，尽管他们更有思想、更能慎重地评估数据和制订决策。如果你的主导脑波是 γ 波，那么，你不是僧侣，就是冥想时间已经超过 1 万个小时的冥想者。这种人一般都怀有慈悲心，他们的自我感（a sense of self）稳定。不管外界的压力如何，这种自我感都能使他们的内心保持安定。

随着年龄的增长，这五种脑波频率的任何一种都是变化多样的，它们时涨时落，取决于我们的关注点、体育锻炼情况以及情绪唤醒水平等因素。你可以利用以下几种练习，让你的脑波变得活跃，消除你的焦虑感。

转移你的注意力

你集中注意力的方式会改变你的脑波频率和精神状态，导致思维的"默认状态"的出现，这种默认状态会影响你感知现实的方式。你是通过你的"默认"或喜欢的精神状态来看待世界的。比如，慈悲的僧侣透过严格遵守教派教规和慈悲的视角来体验世界；曾受过虐待的人通常会高度警惕，在大部分时间里处于 β 波状态，因此他们很难做出支持和同情的回应，而且往往在日常评论里捕捉到更多个人批评。高度警惕的状态确实会让他避免再次受伤，但直到学会如何接受帮助和支持之前，他都很难摆脱他的痛苦。

如果你能控制你的注意力，就能控制你的感受、思想和行为，这意味着你可以提高积极性，增强担心、勇气、好奇心甚至意志力。如果你有目的地控制自己的注意力，从人为角度上讲，你就能完成任何一件事情。

当你通过了以下的练习，将会发现你比想象的更有力量。

注意力的集中受到调节注意力的神经递质的周期性波动的影响。这种波动持续 24 小时，以 90 分钟为一个周期。这意味着每过 90~120 分钟，你就开始无法集中精神，需要休息一下。频率缓慢的脑波增加，你想要集中注意力的努力

　　　　　　　　如何停止胡思乱想

不起作用。实际上，每隔90分钟，你的葡萄糖水平和血压就开始下降。这就是为什么我们通常会在上午10点、下午2点和4点喝点咖啡——这些时间点与我们的生物需求吻合。

如果我们让它自然发生而没有尝试使用兴奋剂来缩短它的话，这种自然生物循环可以让你重获活力，重新集中精神。一旦我们的脑波重回正轨，以正确的比率保持彼此间的平衡，确保某种活动的进行，那么我们就能恢复体力。达到这种状态的一个办法就是，小憩直至瞌睡一会儿。不要饮用含咖啡因的咖啡，或更糟糕的东西。有高含量咖啡因的功能性饮料，会使你更长时间陷在一个状态里。你冒着破坏免疫系统的危险，让自己更易于遭受疾病的攻击。

遗憾的是，当我们疲惫的时候，我们并不能仅听从身体节奏的命令，找个地方躺下来。所以，另一种增强体力的办法是，每次只用一个鼻孔呼吸。说出来你可能不信，你实际上是用一只鼻孔呼吸的。每过90~120分钟，就会换一只鼻孔出气。现在，你可以用手指堵住左边的鼻孔，观察它的出气状态，然后再试试右边的鼻孔。哪边出气更顺畅？当你需要一个新点子或办法来解决问题，以右侧卧的姿势躺在地板上直到左鼻孔张开，新的念头会像洪水般涌进脑海。其结果是，随着流向每个脑半球的血流量变得相同，大脑获得平衡，这种状态让你获得休息和放松。

关注大图像

雷切尔总是担忧别人是怎么看待她的。在工作会议、社会性集会，甚至电话里，她都在密切地关注别人的反应，他们说话的语调，他们是否对她微笑。她深信，大家不是很喜欢她。她总是反复回想这个问题。这让她筋疲力尽。但是，雷切尔遗漏了别人的微笑、鼓励的话语和声音、晶亮的眼睛和支持性行为。她的关注点变得如此狭窄，仅仅聚焦在她所察觉到的消极事情上，这只会让她觉得和别人之间的互动是消极的。

我们的注意力总是在窄和宽之间反复转移和变化。广阔的视角会获得大图像，比如驾驶的时候。狭窄的视角可以得到细节，就像你观赏油画的一部分的时候。注意力分散的感觉更像是在看一幅打了马赛克的图画。

焦虑者往往关注点狭窄，只是将注意力放在一个问题上，这样会增加他们的 β 波频率，限制了他们解决问题的能力，并导致他们开始反刍。狭窄的视角会激活他们逃跑、搏斗或者僵住不动的反应，使他们处于一种紧急状态中。然而，即使问题已经解决，他们可能还会发现自己陷于狭隘的关注点中，并将它看成是一种保护手段。结果，他们再也无法恢复

如何停止胡思乱想

能量，这种极度关注所带来的压力会深入睡眠、娱乐和人际关系中。

为了在人群里感觉更加舒适，雷切尔需要学习如何灵活地转移注意力。

灵活地运用注意力

灵活地运用注意力，意味着你可以从狭窄的焦点转移到广阔的视野上。如果你像雷切尔那样焦虑和纠结，那说明你可能已经有一段时间在无意中将注意力聚集在问题上，而不是给自己一段时间休息。只有当雷切尔最终停止关注别人的表情，来寻找别人接受她的迹象，开始在应对别人时领会她接收到的正面回馈，她才能学会放下戒备，不再为"她在别人眼里留下怎样的印象"而焦虑不已。

运用你的周边视觉

导致焦虑和不能灵活转移注意力的常见原因，是巨大的变动和令你不舒适的环境。你越觉得有压力，你的注意力越狭窄和僵化。

我们见到朱迪（Jodie）的时候，她正在适应新工作、新城市和新的人际关系的旋涡中苦苦挣扎。为了帮助她重获平衡和镇定，我们教她正确使用她的周边视觉。工作原理是这样的：

当你注意两旁的时候，视线要朝前看。现在，只要关注前方，让注意力聚焦在墙上的一点，保持几秒钟。然后，转移注意力，当你在望向前方时候开始关注周边的情况。当你在留意周围情况时，尝试着回想焦虑的事情。这是不是很困难？为什么？你只是开启了平静的状态而已。

将关注点在宽和窄之间灵活地来回转移，是你每天都需要的一项技能。我们既需要将注意力放在发展顺利的事情上面，也要放在那些糟糕的事情上面。我们需要这两种能力。然后，将注意力转移到大图像上，客观地看待事物。就像驾驶一样，那些害怕行驶在公路上的驾驶员会被堵在路上，是因为他们太过关注他们离路边有多近，或离别的车辆有多近。他们忽略了前方和后方，也忽略了任何一处有趣的景色。过于关注所有靠近的东西，都会使我们周围的环境显得陌生。

但是，不管你在何地、正在做什么，当你能够将注意力从狭窄转变到分散性时，即你可以看到大图像的时候，你都可以立刻获得平静、融入平静，在你日常体验中感觉更安全、更平和、更有感悟。

改变你的语言

当你在焦虑和反刍时思考，就打开了你的交感神经系统，同时提高了唤醒水平。当你兴奋的时候，同样的事情也会发生。这也是哈佛商学院学者艾莉森·伍德·布鲁克斯（Alison Wood Brooks）的研究会吸引所有尝试消除焦虑的人的原因。她发现，当你停止控制你的神经能，而不是让它流遍全身，再用积极的词语来称呼它，你就能更好地控制它。产生神经兴奋是一件很正常的事情，比如在人群面前讲话的时候。避免或压抑这种感觉的话，反而让这种感觉更明显。相比而言，你还不如将这种感觉想象成为一股流遍你全身的潮水。如果你的精神走向另一个反面，让自己觉得很舒适，你就会放松。不是压抑你的紧张，而是告诉自己"我很兴奋"，或者督促自己变得兴奋。这种策略不是说在你知道事情不简单的时候，还尝试着说服自己那是简单的，而是将你的"威胁论思想"转变成一种挑战心态。

"暖起来" 然后 "静下去"

不管你相不相信，平息焦虑的另一个方法是让你的双手变温暖，你可以增加流向双手的血液流量。

当你感到焦虑不安时，血液从四肢涌向身体的中心。这就是你在恐惧和沮丧的时候，双手冰冷的原因。将你的家用温度计作为一种反馈工具，测量你的手指温度而不是体温，你就能学会激活"放松反应"，这种反应可以将你焦躁不安的精神状态变成平静、专注和舒适的状态。换句话说，就是从 β 波转变成 α 波。

以下是你要做的事情：用胶带将你的食指绑在温度计的测温端，测量你的手指温度，获取一组基线。等待 30 秒，然后将手指温度记下来。

现在开始思考，如何让你的双手变暖。你可能需要想象自己站在海滩上或者壁炉前。或者，想象你的血液流经手臂，涌向双手。你可能感觉到一丝振动或刺痛。血液从身体中心流向四肢，会刺激你的 α 波或松弛频率。如果你再次测试你的手指温度，你可能会发现温度升高 1 至 2 摄氏度，或者更高。

你可能会发问，为什么不直接摩擦双手呢？因为通过以上的方式来使双手暖和，会显示出你的强大。当你了解你精神的强大力量时，你在其他方面的自信就会增强。如果你能够做到这点，还有什么任务不能完成呢？

使双手温暖的过程也会让你的呼吸变缓。知道这个道理是好的，因为我们经常被告知，如果呼吸缓慢或加深，我们就能使自己平静下来；但很多时候，提高双手的温度比改变呼吸状况来得更容易。这个练习对我们接下来的方法"双侧刺激"来说，是一个很好的起步。

散个步，换种心情

当你真的感觉焦虑的时候，请进行以下练习。

通常而言，当我们睡着的时候，大脑会平息我们的负面情绪，如焦虑、悲伤和悔恨。快速眼动睡眠（REM）往往会对我们的负面信息进行再加工，并将它们放到长期记忆里。在长期记忆里，哪怕回想起这些负面信息，都不会那么受伤。有趣的是，这种发生在我们多数人睡梦中的天生的治愈过程，也可以发生在任何双侧活动中，比如散步或拍手。当你在散步的时候，注意力放在路边风景或有节奏的步伐上，自己进入一种冥思的状态，这时你的大脑就会产生 α 波。这种脑波可以刺激有趣的想法和点子，让它们突然跳进你的脑海。你可能会进入一种自然又放松的精神状态，在这种状态里，你感觉时间都是缓慢的，而你还不是太了解自己为一天所列的"必做之事"清单的内容。这是一个简单却强有力的方法，通过刺激左右半脑的血液循环和电活动来干扰和消除焦虑。这就是为什么很多人会在运动之后感觉良好，为什么医生会推荐通过散步来减轻压力。

散步是一种特殊的治疗方式。通过均衡左右半脑的血流量来保持两个半脑之间的平衡。当你焦躁不安的时候，负责理性加工的左半脑就会"砰"一声紧急关闭。然而，散步这种双侧刺激就会给右半脑"松绑"，让我们得以处理我们的情绪。一般来说，走上10～20分钟，同时将注意力从问题上转移，你的焦虑就会消失，进而进入到平静状态。这就是"释放"啊！

除了散步，坐下，然后来回转动你的眼球也是可以的。眼睛来来回回，从一侧眼角转到另一侧眼角的运动，复制了快速眼动（REM）。你也可以将一个球在两手之间抛动，双眼来回地紧跟着球的轨迹，这样你能迅速地镇定你的神经系统。你的问题不会消失，但你的神经紧张却可以得到缓解，这样你解决问题的心态会变得很好，就能判断原来的困境根本就不是问题。

　　任何重复的双侧运动，如每次拍打一下你的膝盖或敲一下鼓，都会有同样的效果。我们的一些患者甚至在开车的时候，双手交替地轻敲着方向盘。但是，在做这项运动的时候，务必要握紧方向盘。当你坐下来的时候，你还可以将两根手指举到眼睛水平的高度，两根手指来回活动。

→ 现在就来试试吧

这是一个简单的 3 分钟时长的练习。

你需要准备一个网球、苹果或者其他你可以轻松在两手间抛动的圆形小物体。

回想使你焦虑不安的事情，并在 1-10 的范围内给它的程度分级。10 代表最糟糕、最脆弱，而 1 代表几乎不值一提。

轻轻地将球在两手之间抛动，并要越过身体的中心线，抛上 6-8 次。停住，并核实：你现在的数字是多少？一直进行同样的活动，直到你的数字降至 1。再次核实，回想问题之后，你的焦虑是不是远离了？如果你觉得焦虑升级了，那就重新抛球，直到你的数字保持在 1 上。

这个办法也会缓解痛苦和身体的不适。若发现自己在焦虑或者反复纠结在可能变糟糕的事情上，你可以进行这项运动。一旦焦虑有所消减，试着分析真正的问题所在，试着进入 α 波状态来解决问题。

学会"装腔作势"

当你改变你的姿态或充满自信地站立，你就能改变你的精神状态。社会心理学家艾米·卡迪（Amy Cuddy）发现，当你以一种"强势姿势"来改变心理和站姿（想象神奇女侠将手叉在腰上的姿势），就能激发自信和确定的感觉。在说话和进行各项活动之前，这个姿态是个很棒的开端。当你笔直站立，拥有更多的空间，你的个人力量就会增强。从生理角度说，身体产生了更多的睾丸素，减少了皮质醇。这个化学转变使你不易感到脆弱，反而感觉更强大。而且，只是通过想象自己是神奇女侠或其他所喜欢的英雄，你就可以完成同样的事情，因为**想象本身拥有强大的能力**。个中奥妙何在？因为它将我们的脑波从 β 波转变成 α 波了。

然而，这并不意味着你应该穿着具有高弹性的斯潘德克斯弹性纤维衣物或披一件红斗篷走进下个会场。它真正的意思是，如果你通过训练自己的大脑，让自己进入英雄人物式的心态，你的心情、情绪甚至身体将会表现出那些英雄的自信和力量。参与到想象中的某些活动去，你会激活某些想法和神经模式，而随着时间的流逝，这些思维模式将变成你的"第二天性"。

如果这五种练习还不能帮助你摆脱你的长期性焦虑，你可能需要专家的介入了。心理治疗和神经反馈疗法，将帮助你学会放松和解决那些让你长期焦虑的事情。如果你难以获得放松，生物反馈疗法可以教会你这种重要的技巧。

小结

你可以运用各种方法来改变你的精神状态。你可以改变你的：

1. 姿态：当你改变你的姿态或充满自信地站立，你就能改变你的精神状态。

2. 语言：改变你使用的语言。将"我不能学会弹钢琴"变成"我选择不去学弹钢琴"；不说"我无法控制自己吃太多"，而是说"我总能选择自己吃什么"。

3. 唤醒水平：如果你很焦虑，并要做出冲动的决定，那么让脑子冷静下来，然后专注于自己内心的焦虑。如果你很难从沙发上爬起来，那么建立一个健身奖励机制吧（但奖品可不能是甜甜圈哦）。

4. 心理意象：想象自己处在你所期待的精神状态里，牢记你拥有这种感觉和设想这些细节的时刻。

　　　　　　　如何停止胡思乱想

◢ 箴言：

你对思维和情绪的控制比想象的要强得多。

现在，你已经发现了一个让你处在更加平衡状态的方法。进行这些练习，只展示了你对心理有多大的控制力。你必须改变心理状态，这样才能控制你的思维、精神状态和行为。在下一章中，我们将讨论你如何利用一种称为"心智游移"（Mind Wondering）的方法改变大脑状态，使大脑进入 α 波状态，使你能够获得富有创造性的想法和解决方案。

第三章

开个小差，再做重大决定

焦虑让你更加徒劳无功，困在死胡同里，思想却为你提供了一条康庄大道。

——卡伦·海托华（Cullen Hightower）

劳拉六年来一直在艰辛地创业。她的事业终于有了起色。事实上，她工作非常出色，连竞争对手都要高薪邀请她加入他们的阵营。"拿到钱就走人"，她的会计师告诉她，但最好的朋友却说："你已经走了这么远，怎么可以抛弃你的这些智慧结晶？"这是一个重大的决定，对双方而言，这一决定可能在未来带给他们丰富的回报，也可能带来巨大的遗憾。劳拉不知所措，对职业选择的利弊权衡让她焦虑，而这种焦虑正在吞噬本应该是生活中的重要时刻所带来的欢乐。

劳拉找到我们说："为了做出这个重要的决定，我需要找回自信的感觉。"我们将第二章的内容告诉她，即我们的大脑记住我们产生某种情绪的时刻，为了重获自信，她需要重新找回过去某个时刻她感觉良好并做出重要决定的回忆。回忆那场经历给感官带来的细节，将会给劳拉带回她现在急需的信心。讽刺的是，解决问题的办法就是从尝试解决问题的忙碌中偷个空，休息片刻。

另外，我们还希望她能尝试激活无意识的快速疗法，我们知道她将所有的自信遗失在无意识里。这个简短的办法只花 5 分钟，但却能产生非凡的效果。这个办法被称为"**心智游移**（Mind Wondering）"，你还可以称之为"开小差"。为了从中受益，你所要做的是放松，让思绪四处游移，造访你曾经亲自去过或者在照片上看过的让人愉快的景色所在地。这个办法之所以有效，是因为最佳的解决方法诞生于处在 α 波状态的放松的大脑里，而不是含有大量 β 波的压力重重的大脑里。过量的 β 波会刺激大脑边缘系统（limbic system），而整个边缘系统会触发我们的"逃跑、搏斗或者僵住不动"的保护性反应。然而，α 波会使大脑前额皮层拥有"思路清晰、冲动控制和延迟欲望"的能力。当这些系统都在运作时，我们不会感到焦虑。我们想要劳拉运用心智游移来平静大脑边缘系统，使大脑前额皮层更好地运作。

β 波对快速做出决定很有帮助，但我们在做出某种重要决定而需要多加思考时，则需要 α 波的帮助。当你让思绪漫游在正面的形象和记忆里，慢频率的 α 波就会增加，大脑平静下来，而你就会打开通往无意识的大门。而无意识则是我们可以建立新连接、找到新思路和开发直觉的那部分思维。平静的精神状态能对选择进行评估，看见大图像，并能判断什么是我们真正想要和需要的东西。在产生大量 β 波的脑波状态下进行这些活动，会加重我们的焦虑。但是，在 α 波状态下进行心智游移却能激发你的创造性思维，帮助你找到解决方法。这个过程让你摆脱了选择是或非的"二元分类法"，进入了一个拥有其他可能性的世界。在给你新方向和新思路之前，α波通常会爆发。这个爆发被称为"α波闪烁"，它会暂时关闭向大脑输入的视觉信息，所以你的创造性会增强。α波里住着最好的"企业家"，那里"生产"着新颖的想法。

将注意力从问题上移开，转换到α波状态，会让你进入到存在许多减缓焦虑来源的无意识中，其中一种来源是我们所称的"马赛克式决策构建过程（mosaic decision-constructing process）"，在这个过程中，你能从很多不同的角度来看待一个问题。如果你的意识能够停留在愉悦的状态，你将给你的无意识一次积极回答"哪个是最佳选项"的机会。当你焦虑的时候，你的无意识的运作比有意识的更有效。这就是为什么我们在洗澡或跑步的时候，常常会出现阿基米德在澡盆里时那样的灵光一现。我们放松，就会让我们的意识躲开那些让我们精疲力竭的事情，给无意识一次机会，浏览一幅由可能的解决办法拼凑而成的马赛克，并找到其中的最佳办法。而我们被记录在无意识中的经验则成为可能帮助自己的来源。

按照我们的指示，劳拉回到家里，坐在床上，让思绪回到大学毕业的那天。她曾那么为自己感到骄傲。她想起自己同时被两个MBA项目录用的时候，她为哪个是最合适的选择而苦苦挣扎。一个项目负有盛名，另一个为她提供了奖学

　　　　　　　　如何停止胡思乱想

金。她想起，一旦自己意识到没有所谓错误的选择，她就能迅速地下定决心。她曾拥有那样强大的力量——做出那个选择，就承担后果，一路向前，不回头看。

在完成她的 MBA 项目后，她跟着朋友进入一家管理公司，接了一份大活儿。但在深思熟虑后，她决定走上另一条道路，要成为一名优秀企业家。她想起，在开始创业的时候，她是那样精力充沛；在处理伴随着她努力而来的各种独特问题时，她的准备非常充分。一旦开始，她就从未退缩过。

突然间，她现在的难题看起来更易于解决了。当她将所有的数据收集起来，她意识到从来没有错误的选择。两个选择会将她带向稍有不同的轨道上，不过积极的选择会对她更有利。不管后果怎样，她都能够承受。在那种心态下，她不再感到恐惧，很高兴地给她的对手打了电话，拒绝了他的邀请。

白日梦的重要性

精神病学家米尔顿·艾瑞克森喜欢讲那个关于"消失的手稿"的故事。那时，他正在艰难地完成他的著作，出版商催促他交稿。这种压力让他心力交瘁。有一天，他将手稿拿到书桌上，坐下来开始工作。他尝试着写上一个小时，但开始之后却感觉很疲倦，就让自己陷入"白日梦"里。过了好一会儿，他清醒过来，但当他低下头望向桌面的时候，却没有看见那份手稿（记住，那个时候是不能用电脑再打印一份副本的，所以遗失手稿是个大问题）。他没有惊慌，反而将手稿这个压力源抛到脑后。几个星期后，他重新坐回到书桌旁的椅子里，身心放松，却发现了被压在一些文件下面的手稿。这一定是他之前心不在焉时，将它们压到手稿上了。

很多人发现，丢失的东西常常在最显眼的地方，但米尔顿·艾瑞克森却有理由相信，可能是他的无意识故意让他溜进白日梦里，并藏起了手稿。米尔顿克服了许多障碍，从瘫痪到脊髓灰质炎（俗称小儿麻痹症），这些疾病几乎要了他的命。通过观察他的小妹妹如何学走路，他重新学会走路。他观察每分钟里她的肌肉运动情况，当他处在恍惚状态，他不断在心里演练肌肉运动过程来刺激其中的神经通路。艾瑞克森认识到，如何行走的记忆是刻在他的无意识里的。在取得这次令人惊叹的成就后，他一直相信，无意识可以为他提供所需的所有解决办法和智慧。

艾瑞克森成为专业的精神病学家后，他就用手稿的故事

　　　　　　　　　　　如何停止胡思乱想

来说明，我们经常不清楚我们知道的东西。他的无意识知道他还没准备好交付著作的手稿，所以它给了他时间来解决他在精神上苦苦挣扎的那部分难题。这就是他没有惊慌的原因：他确信，一旦转移注意力，进入一个更加放松的状态，他就能理清所要说的话，这样他的无意识就会让他找到手稿。事实确实如此！

我们的注意力受超日节律（Ultradian Rhythm）的影响。在一天里，超日节律每隔 90~120 分钟就会改变我们的注意广度。心智游移就自然地发生在这个循环的末端，同时会发生在任何一项紧张的认知任务后。"引进"允许进行心智游移的慢频率脑波 α 波，是大脑迫使我们让它休息一下的方法。有时候，我们在心智游移中如此迷失，从而进入到神游的状态里，即我们熟悉的"白日梦"，是心智游移更强烈的一个版本。

对促进问题的解决来说，白日梦的作用是美妙的：当你在做白日梦时，你就进入一种出神状态，在这种状态里，内心高度关注的记忆和想象碰撞出火花。这是一种允许你挣脱自我批评的羁绊、触发创造力的状态。有时，你甚至可以进入到沃尔特·米蒂（Walter Mitty）式的白日梦，它是那样的真实，让你可以享受通常会被意识审查或剔除的那些经历。

在你的白日梦里，你可能会登上一块陌生的土地，和你的灵魂伴侣相遇。这种感觉是如此强烈，你会在很长一段时间里感觉梦里比现实还要栩栩如生。这样强有力的白日梦，可以强迫你认真地探究内心的渴望，思考你目前的人际关系是否已经满足了你的需求。

如果担忧和焦虑已经妨碍你解决问题，你可以尝试美国心理学之父威廉·詹姆斯在1911年提出的一个方法，他本人称为"无思（Non-thinking）"。你要这样做：确定一个目标，不受结果的钳制——只是让任何可以让你实现目标的想法"浮出水面"，不加分析地将它们记下来，即使它们看上去很荒谬。然后，让它们在大脑的"后方"慢慢酝酿，看看它们是不是最佳的解决方法。这个练习的关键不是要实现目标，而是激发创造性思维。如果不了解詹姆斯的话，历史上的几位重要的思想领袖也曾利用相似的方法打开思想的大门。爱因斯坦进行过这样的思维实验：他天马行空地想象自己和光来一场赛跑，一直跑到宇宙的边缘。他认为这个创造性行为帮助他创立了相对论。另一位思想家艾萨克·牛顿也认为，让心绪游离，可以让头脑清晰，更快地解决问题，最终让他发现了万有引力定律。托马斯·爱迪生一生获得1000多项发明专利，他会坐在椅子里，手握钢球进行深度放松。

如何停止胡思乱想

当钢球从手间坠落，他就会站起来，将他的想法记下来。

美国加州大学圣芭芭拉分校研究者的一项研究显示，当人们从焦虑中摆脱出来，获得片刻休息，并将注意力集中到一些不费劲的事情上，他们的工作效果就会提高40%。当你感到有压力的时候，那就不要再思考这些事情，去做一些轻松的事情。当收益递减①现象出现时，我们依旧要继续探索解决办法。当思维疲惫时，就要做些改变：让你的思绪彻底远离问题，小睡片刻。尽管你改变了你的精神状态和关注点，但你的无意识还在继续解决问题。这种方法经常会激发"发现时刻"。

你可以利用心智游移来解决你长期性的重要问题，也可以在每天的工作中巧妙地利用它来保持最佳的工作状态。如在认知过程中，每隔45分钟就休息5分钟，将注意力放在昔日一场愉快的假期体验上。通过转移注意力重获自信的心态，这种美妙的过程启发了劳拉，她开始不时地挤出5分钟

①　收益递减是指在技术水平不变的条件下，增加某种生产要素的投入，该生产要素投入数量增加到一定程度以后，增加一单位该要素所带来的产量增加量是递减的。收益递减是以技术水平和其他生产要素的投入数量保持不变为条件的。

时间，让心智游移到她最爱的地方毛伊岛[①]。她热爱那里的微风轻拂、岛屿美丽、海水蔚蓝。特别是当她在那里的时候，她的心情是那样的轻松。经过一个星期这种积极的心智游移，她发现自己处理工作上的问题更加游刃有余，日常存在的压力无法再干扰到她了。

发散性思维

心智游移和发散性思维是紧密相关的。发散性思维是一种从不同角度来解决一个问题的思维过程。它可以超越自我强加的局限，向经验开放。它通常发生在一段时间内对无关事物或愉快往事的心智游移之后。它通常可以使人看到其他方法无法看到的关联。这种知觉上的不同，会令人产生创新的想法。

在一段时间的正面心智游移后，你可能会感觉那个时候的自己是最有创造力的。当我们的灵感和创新想法迸发的时候，我们通常在这一时刻感叹："啊，我的缪斯女神降临了！"

[①] 毛伊岛（Maui），位于太平洋中北部，美国夏威夷群岛中的第二大岛。

如何停止胡思乱想

我们的"缪斯女神"也可以是"高度专注也并不能为我们解决所有的事情"的想法。美国加州大学圣芭芭拉分校的研究者发现,我们的自然状态可能包含了所有对外部的关注,然后是向内心的探索。他们说:"意识会不断随着千变万化的内容而移动,也会像海浪一样退去,向外扩张,然后向内撤退。"**正面的、建设性的心智游移可以获得很多积极的回报。**尤其是它会教你如何跳出窠臼,做另类思考。

小心!不要"迷路"了

我们很容易在自己的白日梦里迷失,过多地"开小差"是不会有收获的。如果你有一天的时间来完成工作上的统计报告,每半个小时就做 5 分钟的白日梦,那么你的报告会非常糟糕。如果你在驾驶汽车的时候开小差,那么你可能会亲手将自己的未来断送。时间和地点都很重要。

心智游移必须避免:

1. 精神不集中的心智游移。它可能会使你的思绪漫游得太广。最近,社会已经将思想长期开小差的个人称为注意力缺乏症(Attention Deficit Disorder,简称 ADD)患者。在过去,拥有 ADD 却是一种有利条件。如果早期猎人能够在旷野或森林中注意到多种细小的扰动的话，这对他是大有裨益的。相比条理性更强但思想单一的族人而言，高度警觉的大脑使他们更容易做出灵敏反应并找到猎物。不幸的是，对今天的学校设置来说，这种思维并不是很合适，而在工作中它更是灾难的起源，毕竟现在存在着那么多的令人分心的数字媒体，它们使你无法完成一项简单的任务。

如果你难以集中精力，开小差开到爪哇国去了的话，试着进行下面这个练习。

从你的窗户望向正对面的房子或公寓大楼，数一下所看见的窗户上的玻璃。留意它们的图案和对称性。你看见多少扇窗户？在你数玻璃的时候，随时留意在这个过程中你的注意力是如何变得集中和清晰的。在无聊开始让你进入白日梦之前，你可以保持这种状态多久？数数可以让大脑关注一件并不难以完成的事情。这个练习通常会与前额皮质建立关联，从而增强你坚持完成一项任务的能力。

2. 报复性的心智游移。有时候，当我们受到挫折或者很愤怒的时候，我们会陷入对一场本该过去的谈话的想象中，或者描绘如果有一天我们有机会说出的那段话的每个字。将时间花在这种"精神斗争"上，会暂时缓解紧张，但最终却是毫无收获的。例如，你被炒鱿鱼之后，感觉愤怒、沮丧、无力和伤心是很正常的。你可能会想象和 HR 进行另一场对话，并在这种想象里享受不已，而不是安静地走开，收拾自己的东西。你用反对公司"暴政"的长篇大论打断那位自命不凡的 HR。但是，除非你可以从那种"义愤填膺"中脱离，找到另一份工作，并重获安全感，否则你会陷入边缘系统的冻结状态里。如果经常这样，你就会变得具有防御性和对抗性。当你向你的"敌人"猛烈投掷出"连珠妙语"，将他们打击得无力还击时，幻想的场景能让你的脉搏加快，或胃部翻江倒海。你的大脑会"死机"一会儿，而你会花太多的时间反复思考期望对你的对手所说或所做的事情上。这种心智游移只会浪费你的能量。你必须转变你的想法，并让你的大脑"漫步"到不同的观点上。

要转变想法，你的大脑必须转换到 α 波状态，使边缘系统平静下来。通过将被解雇的焦躁不安向信任的朋友倾吐，让胸口的郁闷发泄出来。去健身和运动，会让你的身体感觉好一点。然后，利用网络或者和朋友共进午餐这类措施制造找到新工作的可能性。一旦你开始感觉没有那么情绪化和愤怒后，就可以尝试进行以下练习来帮助自己从另一个角度看待变化了的情势。

将三张不同的椅子摆成一个三角形的形状。将第四张椅子摆在三角形外面。每张椅子代表一种不同的观点，通过每个观点，你可以看到自己的真实状况。这叫作"感知定位（perceptual position）"。在这项练习中，第一个位置是你自己的观点。如果你坐在那里，你将用你的双眼来观察整个事情。在第二个位置上，你将扮演倾听他人并给予反馈和建议的角色。第三个位置是那类对话题感兴趣，但站得很远的观察者的角色，例如董事会成员。从这个角度，你可以观察到发生在前两个位置之间的动态情况。最后，第四个位置远离其他三个，从它的角度能注意到整个系统如何运行以及它是否在解决问题。

在四个位置上都坐一遍，你可以从四个不同的角度来收集你对自己处境的不同理解。信息收集可以让你清楚其他人是如何看待这个事情的，帮助你获得进步空间。

让我们继续以你被解雇的事情为例。为了获得一个新的观点，你必须坐在第一张椅子上，用语言表达你对发生在你身上的事情的理解。尽管发泄，自怜自艾在这个位置是没有问题的。你可能会说："我这么努力地开发这个项目，他们就是这么回报我的？让我看看，没有了我这个项目还能怎么样！他们不知道他们损失的是什么。我原以为我会在那个位置待上二十年。我很愤怒、伤心，而且深感失望。我的职业生涯已经完蛋了。"这就是"我"的位置。

现在，移到第二个位置上去，和第一个位置上的自己进行一场谈话。记住：你现在是同事的身份，你的任务是，保持共情，同时提供一个新的观察角度。你可能会说："我看到你很挣扎，也很沮丧。在你看来，这个职业是你的人生目标。我能理解你真的很难想象去干别的工作。但是，你可能更适合另一个角色，你在做一些其他事情的时候感觉会更快乐。"这就是"你"的位置。

现在回到第一张椅子，对第二个位置作出回应。在谈话中，你可能会有很长一段时间在"我"和"你"的角色中反复变化，直到你感觉安定多了，因为沮丧而给内心带来的压力有所减轻。最终，你将会感觉很平静。

一旦你感觉到平静，就移到第三张椅子，并想象自己是一个外在的顾问，对发生的事情并不清楚。在这位置上，你不作任何评论，但对困境感到很好奇。比如，在第三个位置上，你可能会说："我可以看到第一个你（位置1）真的不开心，第二个你（位置2）在思考怎么做才能有所帮助。"于是，你可能会询问第三个你（位置3）："你对什么充满热情？你梦想的工作是什么？"一旦你对自己诚实，你就能向前迈步，创造一个新的未来。

最后，坐在三角形外的第四张椅子上。这是"我们"的位置。在这个可以看到整个事件和系统的角度上，大声说出你想象到的最积极的未来。你可能会说："当我们看向我们最美好的未来，并承认什么是真实，我们就能确定我们的力量和潜力能否为我们每个人创造出成功。"利用第四个位置来制订一个行动计划。利用你的想象力来尝试理解其他的观点和新方向，它们可能比你刚离开的状况更好、更加有趣。等你从第四个位置来看你的处境时，你的焦虑和沮丧将消散，你将更加了解自己。

在进行这项练习的过程中，你的边缘系统趋于平静，开始让大脑前额皮质运作。通过从不同的角度来理解一种处境，你让自己从局限的观点和感受所筑成的牢笼中解脱出来。在练习之后，休息片刻，让自己的思绪尽情漫游，幻想不同的未来。避免幻想出潜在的障碍，从而"泥足深陷"，你只需在幻想中肆意地轻松漫步。梳理你的激情和爱好。如果你每天都在做这些事情，会不会觉得很高兴？想象着你一定会。不要用"那真愚蠢"的念头来阻止自己。纵情大胆地去想象吧。一旦你克服了负面的心智游移，你的思维就会摆脱精神枷锁，激发出创新和实用的策略来实现这些梦想。

如何停止胡思乱想

正念冥想

你可能会过分地进行心智游移，这让你越来越远离生活，被懒惰攫住。**不能给你带来新的解决方法的心智游移是无用的**。然而，正念冥想却能打破那让你在"高度专注的心智游移"和"徒劳的心智游移"间摇摆不定的压力循环，消弭反刍思维。

美国威斯康星大学麦迪逊分校医学院的理查德·戴维森（Richard Davidson）博士发现，冥想可以减少杏仁核的电活动和代谢活动。当杏仁核过度活跃的时候，人就可能产生焦虑情绪。最新研究表明，累计进行 11 个小时的冥想练习可以形成自我调节能力，从而帮助人们恰当地调节情绪。所以，有冥想习惯的人的情绪反应和情绪抑制都较少，他们能更好地处理紧张事态。正念冥想是从简单的行为开始的：静坐，专注于自己的呼吸或是行走、留意身体的动作。另一种冥想方式是行走禅修：你缓慢行走，放空大脑，将注意力放在身体的行动上。这与双侧刺激不同。在正念冥想里，冥想的重点是关注你在何处，如何采取措施和享受此刻，而不是来回地转动眼睛。冥想的过程使你放下成见、放下执着，充分地关注当下。在这两个方法中，当你的心绪平静下来的时候，正念就开始让你形成自律。在你的思绪放飞、想要集中精神的时候，这些练习能帮助你拥有更好的控制力。关注问题本身或者让思绪漫游，这只是一种选择。正念冥想可以是一种手段，让你对自己的人生更加负责，可以由你来决定，什么时候将注意力集中在问题上，什么时候让自己进行创造性的心智游移。

　　　　　　　　　　　　如何停止胡思乱想

→ 现在就来试试吧

//

　　拿出一个计时器，将它设置成5分钟。找来一张舒适的椅子，坐在上面，将脚放在地上，背靠在椅背上，双肩放松。让你的头保持平衡，这样你的头是静止的，但处于放松状态。只转动你的眼睛，望向你前方3英尺处的地板，一直温柔地凝视。将手放在大腿上，开始将注意力放在你的呼吸上。让自己自然地呼吸，一些呼吸是长的，一些是短的。只是关注你的呼吸，但不要控制它。静静地数着你的呼气，每一次呼气就数一个数字。第一次呼气数1，第二次呼气数2，以此类推，直到数到5，然后又从头开始。每当你察觉到自己精神不集中的时候，就对自己轻轻地说这个词"思考"，并重新开始数你的呼吸。当计时器鸣叫，时间到，你就停止冥想。

　　每天在大概同一个时间里进行冥想。一个星期后，你想要延长时间，那就多加1分钟。逐渐延长时间的话，你会更好掌控。最好是每天冥想一次，而不是偶尔或者当你感觉有压力的时候才做这项练习。你可能会注意到，当你长时间进行冥想，你越是让自己放空大脑，你越能够放开那些自我批评和自我责备的想法、反刍思维和报复性幻想。不管是练习放开某些想法还是打高尔夫球，随着时间的流逝，你练得越多，它们就会变得越容易，而你的感觉就会越来越好。像其他技能一样，熟能生巧。熟练的禅修人最终不需要数他的呼吸，只是以非常平和的心态注意所发生的事情。

冥想可以让你进入到你所需要的精神状态，从不同的视角看待问题。本章中所有的练习都是为了帮助你摆脱问题性思维的局限。这种思维受一种特定的角度的束缚，并受困于 β 波过量的脑波运动。这种思维一旦被"解绑"，你就能从焦虑中得到解放。

做梦是为了构建未来

哈佛大学心理学家丹尼尔·吉尔伯特（Daniel Gilbert）和马修·基林斯沃思（Matthew Killingsworth）发现，除了做爱（好吧，除非你厌烦这项活动），人们有 46.9% 的时间都在"开小差"。这意味着，你人生中将近一半时间都花在白日梦里。

通过激活更多的神经连接，白日梦为你的前额皮质注入了力量。你越多地想象可能的未来，你就拥有更多的机会来评估它们是否能够实现。

心理时间之旅

难道你从未希望穿越时光回到过去，告诉年轻的自己你现在知道的一切？接下来的练习，将会让你经历一件最美好的事情。

神经系统科学研究显示，每次我们回顾过去，就会重写记忆，所以它会被进行重新加工，而这种已经稍有改变的记忆会被大脑储存。当你卸下消极的记忆，你就能消除心理创伤，从更广阔的视角来看待你的经历。你会意识到，尽管有伤痛，但你还是挺了过来，并有理由大步向前行。脱离了心理创伤的控制，你能意识到你从未留意过的外部和内心的资源。当你回顾积极的记忆，你能利用这些丰富的资源来帮助你解决现在的问题。每一个记忆都能作为未来行动的蓝图。所以，偶尔回忆过去能帮助我们构建所期望的未来。当回忆过去拥有的愉悦、成功的经历时，那些经历就能成为有效地帮助你创造美好未来的内心资源。

→ 现在就来试试吧

放松你的身体和精神。想象未来五年内自己最成功的模样。仔细想一下你会住在哪里、穿什么衣服。思绪游移到未来的某个地方，设想自己会和未来聪明的自己说些什么、未来的你会给你提供怎样的建议。

现在，让我们来研究一下，他人的焦虑是如何传染给你的。

你会接收他人的焦虑吗？

每当你同情他人的时候，实际上你在想象他们的情绪状态。打个比方，你陷入他人的心理，所以很可能感觉到他们的焦虑。事实上，你的大脑正在接受他们的脑波。你以前在看电影的时候是不是哭泣过？这是你沉浸到角色的心理中的一个例子。情绪是可以传染的。当你身边的人非常焦虑的时候，你很容易被他的焦虑和局限思维攫住，开始觉得他们的处境真的没有出路了，甚至会觉得你自己也一样。但是，通过将注意力集中在自己的思维和假设上，你可以让自己免遭他人混乱情绪的影响。当然你也可以参加集体性的心智游移活动，如果团体中的每个人达成共识的话。

让我们来集体"开小差"吧

正面的开小差是件好事。集体开个小差，效果更佳。这项活动与头脑风暴是两码事。进行头脑风暴时，在新想法冒出来之前，全部人员有 10 ~ 20 分钟是处于恍惚状态的。很多人发现，相比单打独斗来说，集体开小差可以更加频繁地刺激创新想法的产生。只要你的动力是共同协作，这种群体智慧会出现在工作小组、家庭、甚至歌唱组合等集体中。

靠近磁铁的几个回形针在磁场的作用下，跨越距离，直接被吸附到磁铁上。同样的道理，一群人的思想相互影响，也能产生创新的火花。

通过探讨未来的可能性和什么是最佳实现途径这类积极问题，群体中没有一个人会陷入焦虑。这种共享的正面精神状态会使成员们相处融洽，就像一群列队飞行的鸿雁，相互间无声交流，一起振翅飞向预定的目的地。

开小差后的时光

在一轮积极的开小差后，你通常会感觉思路清晰、心态平和，与世界联系紧密，因为这种心智游移会花一段时间来清理我们集中注意力的习惯性模式、心智模式和其他旧有模式，让我们从一个更广阔的视角看待问题。这种广阔的视角可以让我们察觉到自己无限的潜力，向世界敞开胸怀。当你摆脱有限制的思维，走进无限可能性的王国，就不会陷入焦虑的状态。

在开小差后这段短暂的、几乎是神奇的时间里，你问自己："我想要什么？对我来说，什么是重要的？如何才能点燃自己的生活？"不是像平常那样关注别人想要什么，或期待从你这里得到什么，而是探索你内心深处的渴望。你真的想要做什么？向自己坦诚，哪怕是一会儿，然而，要避免让你的思维告诉你不能做这些事情的原因。

如果你难以做到这些，那就在一棵树下坐20分钟，让你的心绪漫游，想象这棵树的各种细节。注意树叶完美的对称性和叶脉的排列方式。观察微风从树叶间拂过，树叶以发出悦耳的声音作为回应。你会发现自己全身心放松，然后用之前的问题叩问自己，看看你会找到怎样的答案。

心智游移做出的决定

尽管听上去很矛盾，但心智游移做出的决定通常和经过深思熟虑做出的决定同样有效。美国泰伯商学院的科琳·吉布林（Colleen Giblin）、美国卡内基·梅隆大学的凯里·莫尔维基（Carey Morewedge)）和迈克尔·诺顿（Michael Norton）进行了这样实验：参与者对一张通过他们深思熟虑或心智游移或随意分配选出的艺术海报的价值进行评估。研究者预测，参与者最喜欢的是他们慎重考虑的那张，最不喜欢的则是心智游移的那张。然而，研究者发现，事实正好相反。实验结果表明，我们的无意识是这样的明智，如果你让自己转换成 α 波状态，而不是有意识地去挣扎，它就能够为我们做出更好的决定。

打哈欠能够调节注意力

另一项能增强心智游移的美妙运动就是**打哈欠**。很多时候，我们都是抑制着不打哈欠（现在，就试着让自己舒舒服服地打个哈欠吧）。然而，打哈欠可以消除焦虑、降低皮质醇，激活同情他人的神经通路。当你打哈欠的时候，你的大脑额叶就会平息下来，这就让你心态平静、心绪放飞，减少焦虑。所以，让我们动起来吧——打个哈欠，放松，再打个哈欠。

◢ 箴言：

当你能够控制焦虑、放任思想漫游的时候，你就能解决任何难题，打破长期性的不良习惯，培养健康的直觉，制订更好的未来计划。

你开始意识到，策略性地利用心智游移来恢复活力、重置思维是多么重要。做个白日梦吧，它可以帮助你放松身心，获得休息，激发创新性想法，并能增强你的直觉。在下一章节中，我们将探索一种可以一连几天解决你思维问题的方法。

　　　　　　　　　如何停止胡思乱想

PART **2**

大脑的超能力

第四章

如何通过深度放松化解焦虑

如果我们能把握好每一天，就能轻松地承
受上天委派给每一天的重担。

——约翰·牛顿（John Newton）

伊芙琳再次迟到了。她对此已经无语了。每一天，她都会设好闹钟，预留出时间来穿衣、吃早餐，开车去上班——她在一家普普通通的公司里工作，工作地点是位于林地的办公园区，在休斯敦的北部。然而，每天她都会迟到30分钟，哪怕她将闹钟的时间往前拨了半小时。这一次，当她悄悄溜到办公桌前打开电脑的时候，一个聊天窗口从屏幕上蹦了出来。是老板马克的信息，简短的内容预示着不祥：请来一趟我的办公室。

和马克的见面过程，像他的信息一样的简短。伊芙琳被告知，她要被察看一个月。如果在一个月里，她不能每天按时上班，就会被炒鱿鱼。伊芙琳艰难地回到办公室。她想，老板和同事们都想甩掉她。多丢人啊！她讽刺地想着。但是，在踢走她之前，他们必须完成所有的文书工作，不像她的前男友，在情人节第二天给她发来一条短信："我没法和你在一起了，抱歉。"她打开桌子的抽屉，抽出一个装满薄荷糖的超大号盒子，抓出一大把糖扔进嘴巴里。管它再长几磅肉！哪怕在过去的六个月里，她的体重已经增长了20磅。她用力地嚼着，希望这种强烈的清凉甜味和夸张的咀嚼动作，可以帮助她憋住眼泪。在这里哭泣的话，每个人都会看到。

在收到老板最后通牒后不久，伊芙琳第一次上门来咨询

　　　　　　　　　　　如何停止胡思乱想

我们。我们让她细说一遍早晨的"例行公事"，好让我们找出到底是什么在她出门前拖住了后腿。我们发现，她在描述她的行动——起床、洗澡、挑选衣服——的过程中，穿插了很多关于工作的负面旁白，称所有的事情不是"愚蠢"就是"不得要领"。不需要太多刺探，伊芙琳承认，她干这份工作完全没有成就感，但她害怕失去它，因为她觉得老板不会给她写一封好的推荐信。"因为你的拖延症？"我们问她。不，完全不是因为这个。在她不能按时上班之前，她和老板以及大多数同事之间的关系就非常紧张了。她负有很大责任，很显然，他们并不喜欢在每次拒绝她的求助时，她不只是微笑或者耸耸肩而已。为了迎接每一天的挑战，每天早晨她都会在心里清点可能面临的每一个麻烦的任务和项目,试图找出解决的办法。害怕失败的焦虑意味着，每当她走进办公室，她的精神就会高度紧张，不得不借助她在十年前就戒掉的烟来缓解紧张。和前男友分手后，在她沉湎于报复前男友的想法时，她对工作的负面情绪加剧了。她经常在疲惫麻木和愤怒好斗的情绪间游移不定，但她发现，当吃到公司自助餐厅的绵软的大号咖啡巧克力松饼时，她的神经就镇定下来。后来，她一直很想吃碳水化合物含量高的食物。她知道，用烘焙食物和快餐来安抚她的情绪，是她的体重飙升的元凶，但狂吃东西是唯一一件能让她感到快乐的事情了。她为此而厌恶自己。

咨询我们，并不是伊芙琳第一次为改变生活所做的努力。她阅读励志书籍，尝试改变消极的思维方式。她在治疗中探索过去，在本地的健身房里练习瑜伽。但她始终觉得自己像广告里的小老太太，破罐子破摔。"就这样吧！"她经常阴郁地对自己说。

少量的焦虑是有帮助的，可以点燃我们的激情，鼓励我们开展工作，但是过度焦虑只会"绑架"我们的大脑。很明显，伊芙琳的边缘系统已经超负荷运作。每天早上她都试图掌控新的一天，并提前解决所有问题，但这种"例行公事"会使她陷入逃跑、搏斗或者僵住不动的模式。将大脑训练成持久焦虑的状态，反而会提高她的唤醒水平，让她将问题归结于她的老板和同事，却同时努力从脂肪、糖和盐里寻求安慰。此时，**她非常需要重新设置她的神经回路。**

伊芙琳确实有不快乐的理由，但使她陷入如此消极的心态中的责任在于她，而不是工作，不是老板，也不是前男友。好消息是，这意味着她完全可以靠自己爬出焦虑的泥坑。但她必须确认，是她的哪些行为导致她焦虑到如此极端的地步。我们找出了三大元凶：**压力心态、压力制造、压力超载**。下面就让我们具体地分析这三大元凶。

压力心态

美国耶鲁大学的心理学家阿利亚·克拉姆（Alia Crum）的一项研究表明，压力心态——当你在应对或理解某种经历时所运用的心理"镜头"，造就你不同的精神状态：焦虑或者不焦虑。如果你的压力心态是消极的，你就会认为压力在消耗你的能量、抑制你的能力，因此你会不惜一切代价避免压力的出现。如果你的压力心态是积极的，就会觉得它使你更加健康，使你更好地完善工作表现、提高工作效率。

克拉姆和她的同事发现，拥有积极压力心态的人能够更好地控制压力。他们更倾向于征询别人对其工作表现的反馈意见，并以建设性的方式来吸纳这些意见。

但不幸的是，伊芙琳遭受的是消极压力心态。

压力制造

根据"压力制造"假设，人们处理日常情况的方式，在创造压力事件上扮演着重要的角色。换句话来说，用消极的方式对待生活会制造更多的压力，而积极方式制造出的压力却很少。那些自找压力的人可能患上了"屹耳综合征"。屹耳（Eeyore）是动画片《小熊维尼》里一只忧郁的驴子。天气晴朗的时候，它会说："我要被太阳晒伤了。"下雨时，它会抱怨："我的午饭要变得湿乎乎的了。"

　　伊芙琳正在慢慢地患上"屹耳综合征"。她不知道如何保存所拥有的愉快经历。哪怕是快乐的事情发生了，她也很难懂得去享受它们。她只关注错误的地方，只会想象所有的事情会变得越来越糟糕。老板和同事对她长期性拖延症的负面反馈，增强了她的负面展望。"他们都不理解我，"她想，"我可能已经筋疲力尽了。"

　　让压力来主导你和他人之间的互动，会产生三种后果。第一，它会让你忽视他人给予你的支持。当别人试图给你支持却不被你重视的时候，他们最终会感到疲倦，并逐渐疏远你。第二，当你不承认别人的支持，你的"情绪电池"就会损耗"电量"，你可能会退缩。第三，所有起源于压力的焦虑都能引发继发性抑郁症，这会导致你采取回避的态度。我们怀疑，正是这三个后果使伊芙琳的生活脱离了正轨。她的老板和同事真有那么苛刻吗？每个人都陷入了反馈回路（feedback loop）的作用和反作用里？哪怕是一点悲观主义，都能增强你的消极情绪和你周围的消极能量。消极最终会引

　　如何停止胡思乱想

发愤怒，妨碍你做出正确的选择。过了好一会儿，你甚至可能没有意识到你在愤怒：它只是变成了你一贯的默认状态，就像呼吸一样自然。

压力超载

如果你每天生活在压力中，当压力指数最终打破临界点的时候，你大脑前额叶的认知能力就会大幅度降低。更糟糕的是，长期的压力会改变大脑这一区域的结构。由于前额皮质可以通过和大脑其他区域的神经关联，来调节我们的思维、行为和感觉，它同样可以校正我们的观点和决策。如果这些神经关联由于压力过重而开始衰弱，重要的矫正功能受损，一旦情况发生变化或收集到更多的信息时，我们就无法改变思维或重新调整情绪。压力超载加上无法保持积极的情绪，就会变成个人性或社会性的不利因素，从而阻碍我们拥有成功的人生。

但是，你可以重新调整你的大脑，多花点时间进入"阈限状态（liminal state）"，学会如何避免出现被动反应。"阈限"意为"中间的空隙"，或者是两个地方、两种状态或两个事物之间的过渡形式。当太阳开始落山，你就处在从白天向夜晚过渡的阈值空间里。当欢聚结束，朋友的离开就预示着你即将从社会活动过渡到再次独处的状态。这种过渡总是伴随着一些悲伤，所以你必须对心理作一些调整。当你的大脑出现这种状态，阈限状态就是指"清醒状态"和"睡梦"之间的过渡状态。

回想一下第一章的内容：当我们昏昏欲睡、在沉睡的边缘或清醒的时候，大脑会发射 θ 波。实际上，阈限状态只是 θ 波状态的另一种表述。这种状态和小盹是不一样的。尽管打个小盹可以使你恢复活力，但 θ 波状态是特别的。它会触发内源性的治愈过程，这种过程可以起到治疗边缘系统的作用，并开始将新的更为积极的知觉和事件连接起来——我们称之为"神经链（neuro-association）"。伊芙琳的边缘系统已经迫切需要治疗了。

神经链立足于这样的观点：我们通过形象、情感、气味和声音，或这些元素的组合来描绘我们的经历。这个过程是有用的，也是困难重重的。如果这些象征物使我们痛苦，通过消除我们在经历相似遭遇时会再次触碰的某种情感负荷，我们就可以和这些象征物再次产生关联。举个例子，如果你的父亲很严厉，经常对你吼叫；同事对你说话时，哪怕没有提高音量，你都有可能会听到他或她在对你"吼叫"，那么

如何停止胡思乱想

在这种情况下，将同事和父亲区分清楚的能力是很重要的，可以消除你的某些反应。另一个积极的例子是，在脑海想象这些文字所呈现的图像：波浪、月亮、沙子、海洋和水。现在想象一盒洗衣粉。在你的脑海中可能会跳出汰渍或冲浪（Surf）洗衣粉，如果你也在用这个牌子的洗衣粉的话，你甚至还会产生一股舒适感。你的大脑和这个世界产生了联系。

形象或想法与情绪之间的关联会在无意识间影响你的行为。在财富多少、饮食结构以及相信人生拥有什么可能性上，这些关联使你和别人有所不同。

研究者发现，深度放松状态可以帮助人们解决所有与焦虑有关的问题，如体重、忧虑、抑郁和身体上的疼痛。深度放松往往会割断和问题的关联，而在这种状态里，你的大脑往往先触碰你还未想到的解决方法。当你清楚如何进入我们所谓的"深度潜水状态"，即长时间保持在阈限状态里——这样的话，θ波就能表演它的治愈魔术了，你就能够在无须心理疗法和生物反馈疗法协助的情况下，完成所有的积极改变。

为什么 θ 波会治愈焦虑

　　长久以来，盐水浮力池（flotation tank）（又名隔离池，isolation tank）被冷嘲热讽为新时代人们的"愚蠢配件"，事实上，它是一个非常有用的科学实验基地，研究人员长期用它来测试限制环境刺激疗法（restricted environmental stimulation，简称 REST）的效果，观察**人们进入无意识状态时会有什么变化**。20 世纪 80 年代，科学家想知道，当人们漂浮在隔音的、水温为皮肤温度的盐水池子里，听着冥想音乐的时候，身心通常会发生什么样的改变。据报道，人的体重会减轻，风湿性关节炎疼痛得到缓解，焦虑感消失，幸福感增强，这是前所未有的事情！最重要的是，这些令人震惊的变化，在漂浮结束后很长一段时间里还在持续。

　　为什么漂浮在这样一个浮力池里的作用，会比其他治疗方式更加有效呢？

　　漂浮在浮力池里尽情放松，可以让人进入 θ 波状态。

　　请记住：当你开始放松或夜晚要入睡，大脑就开始产生更多的 α 波。当你深度放松的时候，神经加工过程就会进入 θ 波状态，随着放松程度的加深，大脑便进入 δ 波状态。这些睡眠状态对修复我们的大脑、思维和身体是非常重要的。

当你陷于这些状态里，大脑就会释放内源性大麻素，这种化学物质有利于促进清除和治疗过程的发生，让你的思维进入一个极度安静的空间。我们经常在没有睡着的时候看见梦境意象（dream imagery）。它们被称为催眠意象（hypnogogic imagery），往往栩栩如生却又短暂易逝。正是在这种情况下，θ 波占据优势地位，在这种状态里，治疗过程开始了："深度放松将人置于有利于放松的神经肽（neuropeptide）的内源性释放的'目标区域'里。这个目标区域就是 θ 波状态，有时也指催眠幻想，它是深度治疗过程的靶心。"当你进入并待在这个状态（或称为"深度潜水状态"）长达10~20 分钟时，浮现的梦境意象可以帮助你找到方法来解决那些干扰你清醒时的状态的问题。事实上，大麻酯可以帮助你建立更多的神经连接，极大地提高创造力，有时甚至能提高 700%。

θ 波如何治愈焦虑

因停留在 θ 波状态一段时间而建立的神经链会让你自动放下焦虑，卸下精神包袱和摆脱那些让你一直困在过去的令人烦忧的记忆。在 θ 波状态里，恐惧消散了，问题变成可攻克的挑战，你更有能力来承受生活的磨难。它是你找到创造性观点、洞察力和深层意识的所在地。身处 θ 波状态，你会发现一个自我怜悯的"深井"，一颗安静平和的内心，它知晓"不管多么艰难，一切都会好转"。哪怕你在一些情况下是焦虑的，但焦虑只是驻留在内心深处那一块静止的空间里。

深度潜入 θ 波状态可以帮助你认识到，所谓固定的现实都是虚假的。换句话说，不管你多么相信世界总是以一定的方式在运作或生命在固定的轨迹上运转，变化永远是可能的。实际上，你的直觉会看到那些你以前没有察觉到的新的可能性。当你处在那个静止的内在空间里，θ 波就会从你心灵的最深处给你带来指导，指引你正确选择岔路口，走向你所期待的未来。

θ 波能够让你思路清晰，做事有条理。放下焦虑，你突破思维定式的能力就会有所提升。当你面对一个看似不可能的目标时，这个能力就会非常有用。如果你的思维灵活、思路更为开阔的话，就能实现那些自己都没有把握的目标。你也会发现，在创造性地处理问题时是很难产生焦虑情绪的，你很可能会用好奇心来代替焦虑。采用新的花样和观点，会使横向思维者突破惯用的参考系，触发新的解决方案。比如，

　　　　　　　如何停止胡思乱想

一个合唱团想要筹集一笔资金到欧洲去演出。尽管在筹资前他们做了很多事情，但收效甚微，几乎没能吸引到音乐圈子外的人。合唱团委员会的一个成员曾经因为其他一些不相关的事情，参加过几节如何进入"深度潜水状态"的课程，于是学会突破常规思维来思考问题。他想到了一个点子，即制作一间像古代欧洲城堡那样的但可以食用的姜饼屋。果然，新点子吸引了比以往更多的人来购买这个甜点。然后，合唱团筹集够了去欧洲的钱。

θ 波也被证实对戒瘾也很有帮助。例如，酗酒其实是潜在压力或冲突的一种征兆，而潜在压力或冲突最终会导致焦虑。焦虑让人受伤，有的人通过酒精、食物或者其他替代品来治疗疼痛。瘾君子寻求安慰，他们用这些替代品来改变他们的生理心理状态。遗憾的是，打破成瘾周期是极其困难的。但尤金·佩尼斯顿（Eugene Peniston），这位来自美国科罗拉多州退伍军人医院（Veterans Administration Hospital）的心理学家，决定给出这样一道测试题：如果 θ 波能为大脑带来舒适，那么它对长期酗酒者来说，会不会有同样的效果？

数据是残酷的：一年之后，酗酒和吸毒的复发率高达80%。换句话说，如果仅有的20% 已经完成康复计划的病人一年后仍然保持清醒的话，这个计划才被看作是成功的。这些数据反映出化学物质成瘾在大脑中引起重大变化的威力，以及化学物质是如何使一个人丧失自我安慰的能力的。

为了继续研究，佩尼斯顿挑选出两组人员，他们都曾在医院里治疗他们的酒瘾。一组人员只接受医院的康复计划，而另一组在康复计划之外，增加了"深度潜水状态"的训练。

在三十天里，接受"深度潜水状态"训练的瘾君子每天必须做这三件事情两次：想象自己拒绝了酒精；进行自生训练①、放松和使用意象技巧；训练自己如何提高双手温度来让自己得到放松（参看第一章中关于无须生物反馈疗法就能提高双手温度的部分）。在体验深度潜水状态前，他们必须练习如何提高双手和身体其他部位的温度。处于深度潜水状态中时，想象自己坚定地拒绝了酒精。最后，训练人员利用生物反馈仪器来提高和调整 α 波和 θ 波的频率，这样的话，他们的大脑就能修复自我安慰的能力。通常而言，当人们过量饮酒或者滥用毒品，他们的 α 波消失，而 β 波会增加，这样就会使他们变得很焦虑。他们应对这个问题的一般做法是增加酗酒，在这种情况下，大脑只能放弃发射 α 波。一

---

① 自生训练（autogenic training）是指练习者按照自己的意愿，使自身产生某种生理变化的一种训练，也有人称之为自律训练。也称"脱敏技巧（desensitization technique）"。

　　　　　　　　如何停止胡思乱想

天有两次沉入 θ 波状态，病人的大脑就能给他们自己带来
深度的舒适感——无须外部替代品的帮助。

在这个实验后的五年内，接受"深度潜水状态"训练的
人员中有 80% 依旧保持清醒。而那些只进行医院康复计划
的人员在跟进的 36 个小时里再次喝了酒。佩尼斯顿的实验
彻底改变了实验参与者复发次数。2005 年，研究人员在休斯
敦复制这个实验，对大量的多物质成瘾者（poly addiction）
进行了测验，得出了相似的结果。

这种治疗酗酒和吸毒上瘾的方法，最好在医院进行，同
时辅以生物反馈疗法。而这个研究也证实了 θ 波对我们的
大脑、思维和身体具有显著的治疗效果。

利用 θ 波重新编排我们的思维

家庭、文化和个人经历塑造了现在的我们。我们形成了
自己的一套参照系，它可以影响我们对世界、自己和他人的
理解与判断。很多判断会限制我们的活动和快乐程度。慢性
焦虑者却允许它们成为自己内心那个强调生活体验和指导人
生准则的 "编程（programming）" 的消极部分。

你的参照系都有哪些？它们是不是被焦虑支配了？请花点时间来回答以下问题：

1. 你会不会花大量的时间思考生活中的问题，如金钱、健康、工作和家人之间的关系？如果会，那会花多少时间呢？

2. 这些思考会不会干涉你其他的活动，并阻碍你欣赏自我？

3. 你有没有发现自己在试图从这些思考中抽身出来？这些让你分心的事情是否对你的生活产生了负面影响？

4. 这些思考有没有让你采取行动来解决问题？抑或你还在围着问题团团转，找不出头绪？

如果你回答"是"的问题超过两道，那就说明你已经陷入焦虑的循环魔咒里了，你需要努力打破它。

你的答案可能会和你孩童时就形成且长期存在的信仰结构有关。在下一章里，我们将探索你的信仰体系的结构，以及它们在促使你觉得自己是个受害者的过程中扮演了什么角色。现在，请想一想你是如何使用这些"焦虑过滤器"的。例如，你是否经常担忧别人没有重视你或不想和你在一起？

　　　　　如何停止胡思乱想

当你走进一群人里，难以和别人谈话时，是否感觉忸怩不自在？这种种问题来源于 β 波过高导致的焦虑，会造成长期性的影响，比如使你觉得自己从来都不属于一个群体。

当你感受 θ 波的时间越来越多，减少 β 波过高的情况，你更能激发自己的积极性、创造性和自制力，拥有更高质量的睡眠。继续让自己在 θ 波中进入深度放松状态，可以减少那些我们从孩童时代起就经常背负的自我批评、内疚和羞耻感。在5~10周时间里，如果你每周进行 4 次深度放松的话，你的焦虑就会消散。这种效果是渐增的，在完成这种练习后，你的轻松感会持续很长一段时间。事实上，这种不可思议的状态可以让你打破常规思维的约束，而你困在这些自设的条条框框里太久了。有些条条框框是必要的，但另一些却会成为你前进的绊脚石。狠狠击碎它们，这样你在通往成功的路上，才能有重大的突破。而这些成功，你值得拥有。

如何进行深度放松练习

请按照以下指示，每周 4 次，每次花上 20 分钟进行深度放松练习。当你发现自己只是偶尔才会焦虑，也请继续进行每周一次的练习，以便加强效果。

请注意你"最喜欢"的焦虑情绪出现的时刻。当你开始深度放松时，请密切留意焦虑是如何随着时间的流逝而消失的。很多人喜欢对着数字录音器或者手机大声朗读这些指示，这样他们就能回放这些录音，在无须阅读指示的情况下就能进入深度放松状态。当你跟随指示进行练习的时候，你就会注意到你的心态渐渐平静，身体也随之放松下来。你将可能在你紧闭的眼瞳后面看到某些意象，你会听到声音。试着集中注意力，感受这些意象如何为你缓解焦虑，感受那些意象在你耳边呢喃细语。你的大脑将会尝试为你指引解决问题的方向。

　　　　　　　　　　　　　　如何停止胡思乱想

→ 现在就来试试吧

从以下的自生训练开始，让身体和大脑都进入一种自我诱发的平静放松状态。缓慢地重复每道指令，直到你开始感觉到这种练习的效果。寻到一处舒适而安静的地方，笔直地坐着，将双脚平放在地板上。你不想睡觉，但恰好在快要睡着的边缘。笔直的坐姿会帮助你长时间保持深度放松状态。同时保证你所处的场所确实让你感到安全和舒适。

自生训练

1. 我的头和脸开始放松，并感到温暖。

2. 我的舌头很放松，在嘴巴里很舒适。

3. 我的右臂感觉很重，但很温暖。

4. 我的左臂感觉很重，但很温暖。

5. 当我感觉越来越放松的时候，心跳就会逐渐变缓。

6. 我的腹部很放松，感觉很温暖。

7. 我的背部很放松，感觉很温暖。

8. 我的右腿感觉很重，但很温暖。

9. 我的左腿感觉很重，但很温暖。

10. 我的右小腿感觉很重，但很温暖。

11. 我的左小腿感觉很重，但很温暖。

12. 我的右脚感觉很重，但很温暖。

13. 我的左脚感觉很重，但很温暖。

14. 我现在完全进入深度放松状态。

现在，请完成接下来的练习。在开始练习前，要一次性读完整个说明，这样你就清楚每个步骤了。一旦开始录音，你在每两组新的指示间至少要停顿15~40秒。它们听上去可能有些奇怪，但请把你的问题或疑惑都抛之脑后。这些材料并不是要对你的认知产生影响，而只是让你亲身体验一下。所以，不要考虑太多了。回放录音，进行练习吧。

"深度潜水状态"的练习脚本

你总得学会放松，让自己滑进梦境的边缘，在 θ 波状态里获取信息，从而进行自我治疗。为了增强这种效果，你可以尝试在水流附近开展练习。**大自然的声音往往可以快速平静人的内心，减轻情绪的负担，消除焦虑。**

开始：

1. 找到一个地方坐着，进行放松，记得要全神贯注。将你的脚平放在地板上。确保你的手机关机，宠物关在另一个

如何停止胡思乱想

房间里。如果不这样做，它们就会使你从冥想状态中分心，然后"粘"到你身上，尽管它们很可爱，但将湿湿的小舌头舔到你的脸上，就会打断你的深度放松过程。在进行练习前，向你的大脑寻求答案或获取信息，可以帮你解决某些让你焦虑的问题。一旦你向你的大脑提出一个问题，它就会进行一场"内部搜索"，为你找出一个最佳解决方案。一旦你进入深度放松状态，它就会渐渐脱离你的意识。

[停顿15~30秒]

2. 想象你的焦虑就像凉爽的早晨湖面上的雾气，它升腾、飘散，然后消失了。

[停顿15~30秒]

3. 调整你的身体，直到你感觉无比舒适。进行几次深呼吸，然后让深呼吸带来的舒适感流遍你的全身。当你坐在安静的地方，让呼吸带来的自然平静从你的头顶流向你的脚底。

[停顿15~30秒钟]

4. 现在，缓慢地开始从10数到1。数字每减少一个，你的感觉越是放松。

10……9……8……7……6……5……4……3……2……1

[停顿15~30秒]

5. 让自己更加放松，这样你就可以开始进入一种深度的精神状态。无意识在你心灵的最深处，是你一生所学的储藏室。它拥有获取最积极的心理资源的惊人本事。

[停顿15~30秒]

6. 将注意力放在你的呼吸上，想象自己正缓缓下沉到一个你可以获得双倍放松的地方，一个在所有悲伤、焦虑、沮丧或压力之外的地方。想象一片蓝色的水域。这是你自我怜悯的私人泳池。你可以观察水有多蓝，也许你想将脚放进去晃动一下。你也可以一个猛子扎下去，感觉水划过皮肤的舒缓，就像爱和怜悯的水流漫过你，并流向你的心间。

[停顿15~30秒]

7. 现在再多进行几次深呼吸，让自己继续下沉到一种将睡未睡的状态。这是你内心的避难所，在那里可以发生翻天覆地的变化。这是"无思"的地方，是最深层次的精神状态，是拥有奇迹般治愈能力的状态。在那种状态里，大脑能重新调整思维和身体。

当你漂浮在这种状态里，可能就会看见梦境意象。如果是这样，就让它们出现，肆意飘动，不要感觉到兴奋。想一下你的无意识这道"神谕"，从意象、形象、象征或者声音中读取有意义的信息和建议。问自己："我的神谕试图向我揭示什么？"

如何停止胡思乱想

[停顿 15~30 秒]

8. 10分钟之后，开始给自己这样积极的暗示："我心灵最深处已经知道我可以解决这个问题。我的头脑很强大，而且很有智慧。我对自己实现目标越来越有信心。焦虑离开了我，就像蒸汽消失在空气中。焦虑的情绪阻碍我实现最好的自我，所以我可以驱除它。它就像一只在我的头脑中随意进出的蝴蝶，但我以后看见它的次数会越来越少。"

9. 现在，开始让自己缓慢地回到你再次警觉时的那种意识。慢慢地从1数到10——1……2……3……4……5……6……7……8……9……10。开始轻柔地将你的清醒意识转向你所在的空间。在你数数的时候，努力地感受你的脚、你的手、你的背。静坐几分钟。留意这种轻柔的感觉，感受你的内心转变。如果你的无意识给了你一些信息，写下来，之后再去摸索。如果你接收到有趣的意象，赶紧记下来。就像很多梦境一样，它们会转瞬即逝。

10. 当你静坐的时候，留意任何你在深度放松状态下获得的信息，以及它们是如何帮助你消除焦虑的。你还需要其他什么心理资源来帮助你获得成功？是更多的信心、更平静的心态，还是更丰富的知识或经历？现在，想象谁拥有这些品质？当你压力重重，却不知道该做些什么的时候，你可以模仿一个现实生活中的人，或电视电影中的一个人物身上你所欣赏的、希望自己也拥有的方面。我们的一个客户选择了以电视剧《海军罪案调查处》（NCIS）中一个似乎永远都知道在危机中做些什么的人物杰斯罗·吉布斯（Jethro Gibbs）为榜样。在这个过程中，你将会运用到大脑的镜像神经元（mirror neuron），不管你是真看到抑或只是想象某个人在进行某项行动，这些脑细胞都会做出相同的反应，所以你可以复制这项行动。"如果是吉布斯的话，他会怎么做？"这个念头会让你的精神置于一种资源丰富的状态，并给你提供了好好思考你的反应和行为的时间，这样你就能做出更好的选择。

　　　　　　　　如何停止胡思乱想

伊芙琳寻求"深度潜水状态"

我们确信，相比所有的瑜伽课程或放松策略，深度潜水状态可以帮助伊芙琳的心灵得到更长时间的平静，并控制她的焦虑。

在之前的练习中，我们帮助她沉入睡眠的边缘状态——θ 波状态——保持这种状态 20 分钟。在经过一两节课后，她开始意识到，在深度潜水状态中体验的放松感可以持续几天时间，而使她感到焦虑的事情的门槛提高了，所以，她的反应不会像以前那样快速和激烈。十节课后，她注意到，平静的状态可以保持一周。让她惊讶的是，在依照自己的冲动、想法和情感行事之前，她开始留意它们。这就像是想法和其后的行动之间有一个空间，里面的时间延长了，让她有充足的时间进行思考，判断这个行动对她是不是最有利的，比如是将她的想法告诉老板还是选择沉默。她可以拉开足够远的距离，来观察自己如何与她的老板和同事进行互动，在疏远同事以及受到老板批评的事件中她扮演的是什么角色。一旦她可以不那么情绪激烈，思路清晰地分析她的工作环境，她就能将这些反应抛到九霄云外，并考虑找另一份让她有成就感的工作。她将她的反应的优先顺序进行调整，确定哪些是她真正感兴趣的工作，并思考她该如何为这个社会做出新贡献。她意识到，她真正感兴趣的工作与社会正义有关，所以她开始制订计划来换一份能够实现她的愿望的工作。有趣的是，当她下定决心做那些必需的工作（报名参加职业培训班，考察房地产市场情况以在她的薪酬降低后找一间小房子）时，她发现很多机会随之而来。她的焦虑、反刍思维和愤怒渐渐消散了。她认识到，她已经拥有了足够的内在力量，让她想要的改变出现。

伊芙琳处在深度放松状态期间，重组了她的思维。通过反复沉浸在这种舒适的感觉里，她可以找到新的自我感觉。她发现自我怜悯的力量，公正地面对自己的判断、焦虑、恐惧和想法的力量是多么强大。她告诉我们，它们只是浮现，然后消散了。她的新思维方式带来的另一个好处，是她的味蕾开始对快餐里的糖和化学物质敏感。她胃口不佳，体重开始减轻，而她也更喜欢健康的食物。

她开始意识到，当她还是个孩子的时候，她就接受了这样一种导致她忧愁和焦虑的信仰：像她的母亲一样，她经常告诉自己"我必须焦虑，才能保证事情会变好"。在幼儿时，她无数次听到母亲在重复这个魔咒。她一直在想，焦虑可以确保她不会遗漏任何重要的事情，帮助她避免悲剧的发生。

如何停止胡思乱想

尽管她在很久以前就离开了父母的家，但这个魔咒依旧如影随形，导致她无法从烦躁不安的精神状态转变到平静放松的状态。

我们建议，伊芙琳坚持每周进行几次这项深度放松练习，需要继续自我成长的时候，可以利用双侧刺激和心智游移的方法平静下来。我们督促她继续练习进入 θ 波状态，从而更好地控制自己的思想，增强对压力的免疫力。

另一种显著的变化

唐是一个中年男子，因为第二段婚姻的问题来向我们寻求帮助。他很忧虑，因为他的妻子乔伊斯一直和她的前男友通过电子邮件联系。她发誓，和她的前任没有感情上的纠葛。她和前任约会的事情已经过去了几十年，而后者也建立了新的家庭，现在也住在新西兰。唐阅读他们的邮件，看到他们的通信并不频繁，内容简短，很多也只是聊聊工作和家庭的新情况。但唐禁不住怀疑乔伊斯为什么要这么努力地说服他。唐很担心自己是不是就要失去她了。在花费大量时间参加MBA 课程之后，他知道自己的压力过重，却又无法解开心扉。他害怕妻子是在寻找陪伴，而她甚至都没有意识到。

最重要的是，唐患上了由压力引起的严重头疼，备受折磨。他越是担忧学业和妻子的事情，他的头疼就越严重。

我们建议，如果唐先治愈头疼，学会控制压力的话，就能更好地处理妻子的事情。经过十节关于深度放松的课程后，他的头疼消失了，压力也没有之前那么大。唐的处境没有任何改变。他依旧在上压力很大的研究生课程，他的妻子依旧时不时地和她的前男友联系。但使唐焦虑的门槛已经提高了，而他的情绪反应很稳定。

在第十节课程结束后，我们询问唐的婚姻情况。唐很高兴地回答我们，他和妻子已经找到回到彼此身边的方法了。他认识到，他的压力导致他过度反应，而那些问题确实是他没有安全感的源头。当他的惯性压力反应消失，思路就变得清晰了，见解更深刻，他就不会再将石头（妻子前男友）错看成是狮子（威胁）。

▲ 箴言：

进入将睡未睡的最深层次的精神状态中，保持这种状态5~10分钟，你就可以消除焦虑，找到平静和舒适。

现在，你对这种古老又现代的改变大脑的方法有了更好的理解。下一步是审视那些可能加重你焦虑的潜在观点。在第五章中，我们将会研究你的信仰体系的结构，研究它如何限制你，以及如何利用未来导向的想象和问题来指导行为，尽可能让每一天都充满意义，让生活变得更美好。

告别焦虑，期待最好的未来

忧虑绝不会化解明天的不幸，它只会夺走今天的快乐。

——李奥·F. 布斯卡利亚（Leo F. Buscaglia）

思维方式决定着生活方式。

当我们透过乐观主义的"镜头"看待这个世界，或毫无畏惧地处理新问题时，我们往往会对生活感到满意。人生从来不会是完美的，生活中哪怕是最悲剧的事故往往也能得到控制。

如果我们消极地看待这个世界，充满畏惧地行事，为所有可能发生的负面事情烦忧不止，那么，负面的事情往往就会接踵而至。这仿佛有点"自我实现预言（self-fulfilling prophecy）"的意味。

当然，有人会说，担忧那些可能会发生的事情是一种务实的态度，而不是消极主义。为最坏的情况做好准备，如果它没有发生，我们会惊喜万分，这样总比出问题时我们猝不及防要好得多，难道不是吗？

不，完全不是这样。因为用在担忧上的时间、精力和脑力，明明可以用来绘制更加美好的未来图景。本章将帮助你通过想象、未来导向的思维更积极、专注地行动，重新调整你的思维方向，激发大脑的"GPS系统"，为未来做好定位。

当我们设想未来可能会发生的消极事件，大脑就会发射大量的β波，焦虑感就会加剧。即便不停设想最糟糕的状况是大脑让你感觉安全的方法，但经常这样做的话，只会让

　　　　　　　　如何停止胡思乱想

你形成习惯性焦虑。未来导向的思维会激发 α 波和多巴胺，使大脑甩掉焦虑的包袱。

未来导向的思维和心智游移是不同的。心智游移是让思绪漫游到你曾经去过或经历过的让你轻松快乐的场所或情景，未来导向的思维则是要求你积极地设想你所期待发生的景象。通过有意识探讨什么样的未来是最美好的，你就会推动自己向那个方向前进。未来导向的思维也会让你明确意图、动力十足，这样你在实现目标和克服困难的路途上会更加轻松。

玛丽娜的故事说明了这一点。她正面临着人生中最大的挑战：就在这几个星期里，她可能要搬到法国巴黎，追逐成为 IT 项目经理的职业机会。但是，她现在非常焦虑。她交了一个男朋友，她和家人的关系也很密切。她忍不住反复思考，这个变动对她和男朋友及家人之间的关系会产生什么样的影响。她出生在休斯敦，从来没有在休斯敦以外的地方居住过，更别提另一个国度了。她担心那个曾遭受了恐怖袭击、正在和政治动乱作斗争的城市，巴黎，还会发生点什么事情。她想打退堂鼓，却又无法忍受失去这个提升她 IT 事业和学习新技术的大好时机，尤其是在那么美丽的一个城市。一方面，她被自己的幻想弄得激动不已：在巴黎塞纳河边散步；

在小酒吧里和新朋友用法语交谈，享受傍晚的美好时光；游览博物馆，让自己沉浸在法国文化里。另一方面，她又设想出恐怖的场景：她正坐在小酒吧里或乘坐地铁，突然遭受恐怖袭击……她的想象力如此丰富，她完全沉浸在了想象带来的焦虑中。另外，她也担心干不好这份工作。是沿着可以追逐自己梦想的道路走，还是避开可能令她恐惧的事情？这两者在她内心搅起的巨大冲突，造成了身体上的疼痛。她的胸口经常疼痛，头也一直在疼。那黑色的恐惧，将它的阴影投向了她生活的方方面面，包括和男朋友及家人的关系。尽管她知道享受他们陪伴的日子在一天天地减少，但她还是对这些她最珍爱的人们咆哮。她甚至无法在夜间入眠。

玛丽娜决定预约她的主治医生。主治医生诊断她是焦虑症（anxiety disorder），给她开了抗焦虑药和抗抑郁药。但是，这些药物让她感觉孤立无助、恶心呕吐，走路颤颤巍巍。主治医生安抚她，如果在三个星期内这些症状没有减轻的话，他会开别的药物来抵消这些副作用。最终，她的身体得到了调整，她却发现自己出现了古怪的麻木感，仿佛她的情绪和感受被闷死在羽绒被子里。而且，她的脑子反应越来越慢了。

玛丽娜急着找到能够替代药物的治疗方法，所以找到了我们。我们了解了她情绪上的痛苦，也向她保证，当她在为与挚爱的人离别做准备时，大脑其实可以成为她的盟友。她要做的是，对它进行再次训练，帮助她以积极而不是恐惧的心态，面对未来的生活。

要开始测试了，我们让她列出她所知道的事实的清单，是关于发生危险的可能性和概率。她拿出一张纸，写道：

1. 巴黎已经被袭击了两次，大多数犯罪者已经被逮捕或者被杀死了。

2. 这个城市保持警戒状态，加强了安全措施。

3. 我的工作地点安全性很高，将要居住的地方也是这样。

当她回看她的清单时，发现自己受伤的机会很小，而这种意识抚慰了她。

意图

不停纠结于某些事情是否会发生，会让你厌烦不已。专注目标则会赋予你强大力量。大脑会适当地为你设定一个意图。例如，你是否注意到，一旦你决定购买某种型号的汽车，你就会随处见到这种车？仿佛是大脑想要通过让你看到这么多人也在购买这种汽车来安抚你，让你觉得自己做出了明智的决定。一旦你设定了一个意图，大脑也以相同的方式来支持你的选择。

玛丽娜认为她可以搬到法国巴黎，一旦她这么觉得，她就能以宽容的心态迎接新的体验，而这些体验可以推动她实现目标。比如，她遇到了一位同事，刚从巴黎工作回来，和她聊的全是在巴黎的美妙经历。因为同事给她提供的是巴黎安全防范措施的第一手资讯，所以这次意外的碰面帮助玛丽娜更加积极地看待到巴黎居住和工作的事情，她将乐观地迎接随之到来的"冒险之旅"。而这些经历，让她对美好的前景充满信心，而不是像一瓢冷水浇灭了她的热情。正面思考会让正性事件（positive events）引发滚雪球效应（snowball effect）。

动机和激情

下一步就是激起玛丽娜的积极性和激情，这会促使大脑增加 α 波，减少 β 波，从而让注意力像激光束一样聚焦，最后就能减轻焦虑。神经生物学家葛拉德·胥特（Gerald Huther）博士指出，当我们非常兴奋或者被某些事情深深打动的时候，大脑就会释放神经可塑性化学物质（neuroplastic chemicals）来帮助我们控制这种强烈的激情；而这种激情有助于我们解决问题，如赢得一场网球，创造一些让人惊叹的成绩。

消极的心理复述

为了让玛丽娜更有安全感和勇气，追踪她的情感转变——对即将到来的"冒险之旅"从开始的兴奋到之后的恐惧——是非常重要的。起初，她不是很肯定，但经过我们的提醒后，她想到了。她的母亲得知这个重大消息，曾脱口而出："好好享受新工作之前有我们陪伴的日子吧！谁知道你还能不能回来！"就这样，母亲一句强大的暗示刺中了她的心理，它像一根无形的刺，她每一次设想未来的时候就会往里扎得更深。

一个看似微不足道的评价就对人产生巨大的影响，这并不罕见。事实上，在部落文化里，如果一个巫师用凶符骨指向你，就意味着你要遭遇灾祸。有时，骨头的一头是尖端，巫师会对着它念一句让人罹病或暴死的咒语。被施下如此强大巫术的人通常会崩溃。血压下降、心脏乱跳，死亡或在瞬间就完成。为什么？骨头真的被诅咒了吗？不，当然不是，我们的文化期待是可怕的，接受骨头咒语的人可能从小被灌输"骨头被诅咒了"的观念，并深信不疑。当我们亲近的人或权威人士做出消极宣言，而我们把这些话当作真理时，它会对我们的想象产生重大的影响，并且对副交感神经功能的关闭（身体中神经系统的全面崩溃，血压和心率降低到可能让人晕倒甚至死亡的程度）极为敏感。反之亦然，巫师可以施行某种治疗法术或使用某种草药混合物——当然都是无效的，然而却和他的有害咒语一样，产生了相应的效果，因为病人相信这些法术或草药具有这样的力量。

玛丽娜的母亲无意间扮演了古老巫师的角色，念出了一句咒语。

为了帮助玛丽娜，她的主治医生在无意间做出了同样的事情。医生告诉她患上了焦虑症，需要服用功效强大的药物，并向她暗示，她对自己没有半点控制力，只有药物才能控制她的负面情绪。

有时，当我们以为在提醒别人注意危险或告诫他要"现实一点"时，其实就是在无意识给对方负面的心理暗示。下面是区分两者的方法：一个人的行为和负面结果之间的关联越是接近 1：1——如在开车、吃垃圾食物或做危险事情的时

如何停止胡思乱想

候发短信——提醒他存在危险隐患就越是重要。如果两者之间的关联不是 1∶1，向他强调"负面结果将会发生"的行为只会让这种观念根植在他的大脑里。它会促使人们消极地看待他们的处境。如果我们过早地"移植"这种观念，负面思维就会引发"自我实现预言"效应。大脑听到负面宣言，为了有安全感，会开始"演练"悲观的未来场景，导致我们的行为越来越接近这样的目标——最终，糟糕的未来真的实现了。医生尤其要谨慎，一个患有高血压和高血糖的病人，存在心脏病发作的可能性。如果医生没有提供医疗协助或鼓励病人改变生活方式，那么就是玩忽职守。然而，病人对医生建议的理解，通常和医生的语气和措辞有关。如果他听到批评和威胁，就会感到不知所措和无助，大脑可能就会督促他撤离到"防御"和"拒绝"状态。如果他听到的是鼓励，特别是可以控制这种情况导致的后果，就会感到自己有能力，能够积极主动改变他的生活。有了正确的支持，这些都能变成现实。同样的情况也适用于心理健康医生。如果医生不假思索地将处方单交给病人，却没有解释这些药物通常会给予他们帮助，也没有告诉他们自己有能力帮助自己，那么医生只是帮了倒忙而已。语言拥有强大的力量，尤其是从专业医护人员嘴巴里说出来的话。这是我们需要注意的事情。

最新科学研究表明，在是否以及如何患上心理疾病上，很多因素发挥了一定的作用。除了众所周知的因素，如营养不良和睡眠不足以外，其他原因还包括负面的心理状态和思维模式、乐趣和笑声的缺乏，以及对如何减少恐惧的教育的不足。

凯利·布罗根（Kelly Brogan）是一名内科医生，著有《掌控思维》（*A Mind of Your Own*）一书。她的医学研究报告指出，有三大原因可能会导致焦虑，但都可以解决。第一个原因是炎症，它可能是由压力、含太多单一碳水化合物和糖分的饮食结构、运动不足或体内微生物失衡导致的；第二个是处方药和它们的副作用，如脑子变得糊涂了；最后是受医生和心理学家影响造成的情绪病态。

在短时间内进行一些冥想，对大脑进行训练来形成新的思维方式。采取这些行动，对你很有帮助。然而，医生对病人讲的只是焦虑症状，而不是造成问题的精神状态。在短期内，它们通常会让你感觉好一点，但治疗精神疾病的这种"鸡尾酒"最终只会让他们感觉更糟。

研究者兼《解剖流行病》（*Anatomy of an Epidemic*）一书的作者罗伯特·惠特克（Robert Whitaker）曾在一篇令人毛骨悚然的报道里揭露，城市里以药物为主要治疗手段的护理模式如何加剧精神病的流行，最后使焦虑和反刍思维等症状变得更加严重。他质问，我们在治疗过程中，是不是冒着将备受焦虑折磨的人推向精神疾病深渊的风险？譬如，苯二氮类药物（benzodiazepine）通常会有反弹效果，加重患者的忧愁和焦虑，最终导致抑郁症；但是戒掉这类药物是极其困难的。对某些人来讲，心理疗法和抗抑郁药同样有效，但心理治疗是个漫长的过程。

事实上，最新的关于抗焦虑治疗法和抗抑郁药的研究发现，因为安慰剂效应，80% 的症状得到了减轻。就像消极暗示或反安慰剂效应可以对我们的身心产生巨大影响、创造消极的未来导向思维一样，安慰剂效应在创造乐观的未来导向思维的同时，能够触发身体上的变化。对安慰剂效应做出积极回应的人，并不是在欺骗自己。他的确感觉好多了，因为安慰剂效应促使他进入一种可以设想美好未来的精神状态。科学家至今未能准确地理解这种作用是如何产生的，但研究已经再三表明，**积极的未来导向思维和想象确实可以激发身体中的愈合反应，影响体内的化学物质、肌肉变化和基因表达**。这并不是说我们不应该接受药物治疗，相反，药物治疗可以给我们带来极大的宽慰，支持了我们自己的"愈合工作"。但是，善待身体惊人的愈合能力和恢复平衡的能力，是非常重要的。要弄清楚有多少愈合是归功于思维的能力，又有多少愈合是因为吃药发挥的作用，这是非常困难的。

你的思维比你所知道的要强大得多。如果你要改变你的生活，甚至是你的健康，那么要做的通常是转变你的注意力。这也是我们和玛丽娜下一步将要做的事情。

我们要用一种"工具"武装玛丽娜的头脑，引导她设想所能想到的最乐观的未来图景，哪怕是在感觉恐惧的时候。工具是什么？是问题！准确来说，是关于未来导向的问题。好的问题拥有强大的力量，差的问题只会产生更多的痛苦。因为大脑具有负面倾向，所以，在大部分时间里我们总以否定的方式来询问自己："为什么我不能完成这个目标？""为什么我要经历这些？"这都是合理的问题，但询问多次就会将自己置于受害者的地位。执着于"为什么我……"这样的问题，只会刺激更多的负面思维。使人焦虑的问题，永远不会让你得到满意的答案。消极的问题铺设了这样的神经通路，让你成为负面思维的能手。简言之，你的大脑按照你的要求行事。

玛丽娜陷入了对未来的负面思维怪圈里，备受折磨。她觉得，只要将注意力集中在它们上面，就能控制它们，但她不知道，这种做法只会制造更多的焦虑。我们建议玛丽娜停

　　　　　　　　如何停止胡思乱想

止分析"为什么我……"这样的消极问题，尝试通过询问以下这些未来导向的问题，将注意力转移到解决方法上面：

- 为了让自己觉得这次巴黎之行是安全的，我需要做些什么准备？
- 为了在新工作里取得成就，我需要做些什么？
- 在没有药物治疗的情况下，我该怎么做才能让自己感觉好一点儿？

一旦知道这些问题的答案，她就可以想出解决问题的办法。例如，通过视频聊天来解决和家人、男朋友分离的问题，时不时制订回家计划，邀请家人来看望她。如果她能想象和男朋友在巴黎这座"光之城"中徜徉漫步是多么幸福，她就是在睡梦中也能笑出来。

每一次开始焦虑的时候，玛丽娜应该用一句咒语来打断这些消极思想："我可以的。我是强大的。我可以让自己感觉舒适又安全。"她学会在头脑里幻想美好的未来图景，并相信那些真的可以实现。她去了巴黎，很快就被这座城市的美丽迷住了。在巴黎，她见证了这座城市为免遭恐怖袭击所做的艰辛努力。三个月后，男朋友来看望她，她已经准备让他考虑是否愿意搬过来居住，这样她就可以长期在巴黎的公司工作了。

未来定时

要成功解决问题的下一步是，来一场强悍的"可视化"的心理时间之旅，想象一旦目标实现了，你的未来将是怎样的场景。然后，去了解采取什么步骤才能实现目标。

在有关临床催眠的描述里，未来定时（future orientation in time）有时也被称为"伪定时（pseudo orientation in time）"。在这个技能里，你设想自己在未来某一时刻顺利解决了此时困扰你的问题。想象自己在未来时刻的样子、说话的声音、穿着和行为。然后，想象自己逐渐变成这个人，透过她的双眼看东西，用她的耳朵听声音，以她的方式来思考。成功的未来，成了指导你采取正确步骤来实现那个未来的源泉。列举以下这些步骤，思考如何执行它们，这种聚焦于未来的做法会增强意愿、提高积极性、激发热情。

整个过程如下：

1. 每天早晨阅读一些和你的目标有关的内容，激发你实现那个特定目标的积极性。找到灵感，你就能对未来产生积极的期待，并激发热情。写下某个未来的场景，通过记下目标，你就在意识里"演练"了一回这个未来。要坚持一段时间。当你设想在未来顺利地完成了目标，请在此时感受这股动力带来的兴奋感，留意激情如何在体内满漾。在激情澎湃的时刻，你是不会感到焦虑的。

2. 接着，设定一个意图，让它带领你行动，实现你的目标；设想自己在努力地实现那个未来，现在执行第一个步骤。

3. 努力完成这个过程，培养自己的毅力。在长期努力中，你可能会感觉到厌倦，所以你需要思考如何将奋斗的感觉延长。用3~4个步骤概括从此刻到你期待的未来之间的路途，包括衡量标准和截止日期，使你在前进的轨道上不偏航。写下路途中可能会存在的障碍。回答这个问题：你要怎么做才能确保自己坚持完成这些步骤？

4. 通过在内心演练的方式，探索你所想到的未来。不要抱怨你缺少什么，或你不能做些什么。相反，在脑海里设想每天在一点一点地完成那个终极目标，抓住象征着成功的每个细节。如果你的目标是写一本书，那就想象你捧着完成后的那本书的场景。如果你的目标是增强客户端负载均衡，那么想象自己如何开展询问和调查工作。

5.回顾、记录完成每一个步骤的"胜利"日期。

"延迟满足"的力量

增强了"延迟满足"的能力，你会提高实现任何目标的可能性。20 世纪 60 年代末至 70 年代初，美国斯坦福大学心理学家沃尔特·米歇尔（Walter Michel）和他的团队进行了一个棉花糖实验。研究者让一群年龄在 4~5 岁的孩子坐在桌子旁边，在每个孩子面前摆上一颗棉花糖，告诉他们可以马上吃掉。但是，研究者补充道，如果他们可以等待 15 分钟，等研究者完成一个小小的工作后，他就可以得到两颗棉花糖。很多小朋友立刻就吃掉这颗棉花糖。其他人尝试抵抗这个诱惑，但当他们一直看着棉花糖的时候，抵抗就变得越来越弱。随后研究者给孩子们提供摆脱内心矛盾的心理策略，比如引导他们想象有个相框（中间是空的）围住棉花糖，让它看上去像一张照片，而不是实物。运用这种方法的孩子比没有运用的孩子更耐心地等待，最后获得了第二颗棉花糖。这个研究表明，**自控力是可以培养的。**

之后的研究，跟踪了孩子们的一生的发展情况。这些研究发现，延迟满足或通过大脑训练，让自己更自律的孩

如何停止胡思乱想

子的 SAT 成绩更好，滥用药物的倾向较低，患肥胖症的可能性较低，控制压力的能力更强，社交技能更好。他们在处理生活问题上，通常没有那么多的忧虑和挣扎。脑部扫描结果显示，这些人负责解决问题的那部分大脑区域更活跃。那些能够等待的孩子，能更好地控制自己的反应——焦虑就会减少。通过大脑训练让自己变得更加自律，他们成年之后也会获得更多的成就。

 想一件让你焦虑的事情。在心理上将它变成一张精致的图片，用一个相框（中间是空的）围住它。在心理屏幕上，将它最小化，放置在你的想象空间的右下方。留意焦虑是怎么消失的。通过将焦虑"变小"，你就能将它从事情上"剥落"下来。

 你所想的内容会改变大脑状态。例如，你将注意力放在资金不足的问题上，可能会产生忧虑和逃避的心态，于是你尝试着将钱从这个账户移到另一个账户，或挣更多的钱来让自己感觉好受一些。但是，如果你的"逃跑、搏斗或者僵住不动"反应过度，你可能会将问题归咎于别人，或冲动地卖掉你的汽车，或者去借高利贷，从而让自己背负更多的债务。你可能会处于僵住的状态，逃避眼前的问题，让焦虑继续恶化。或者你可以尝试我们之前讨论过的方式，让自己平静下来，然后找出合适的解决方案。**大脑状态可以决定和转变心理内容。**表现出自控力的孩子能够融合不同的人生规则，换句话说，**自控力给你带来更多的自由，**因为你选择的那些方法更能够解决问题。

限制性信念

不幸的是，哪怕是自控力很强的人都有可能遇上"限制性信念（limiting beliefs）"，一种关于世界如何运转的信念，可以限制他们的自由，阻碍信心、毅力和积极性的激发，让他们长期处于焦虑状态，抑制潜力的发挥。这些信念通常都是无意识的，但却可以成为你人生的阻碍，除非你将它们识别并清除。在绝大部分时间里，为了成为更好的自己，察觉阻碍你成为理想自我的信念是非常重要的。你该如何意识到哪些信念是无意识的？它们可能会以个人生活准则的形式出现。例如，你看重的一条准则是"你不应该迟到"。尽管早点出发和设想你有可能因道路建设一类的事情耽搁的做法非常有用，但有时你会遇上一些不可预测的阻碍，最终导致你迟到。"凡事都有例外"的认识，也是很重要的。这样的话，当例外发生时，你就不会焦虑得发狂，或者胡思乱想。

信念体系结构

你不满 6 岁的时候，家庭规则和模式会以姿势、声调、笑声、愤怒的声音，以及父母亲相互凝视和说话的方式等形式，被你的无意识吸纳，成为你的生活准则。将整个家庭融为一体的基本条件是他们的价值观、伦理观、解决矛盾的办法、爱和情感的表达方式以及信任和诚实，而这些会成为你意识的一部分。当你长大了一点，开始认识家庭以外的世界。你的家庭规范和家庭观念，以及你对它们的理解决定着你的快乐方式，决定着你与食物、男人、女人、宠物，以及你自己的灵性之间的关系。你深受所有因素的影响，它们共同形成了你的信念体系的结构。这个"脚手架（scaffolding）"影响你所做的每一个决定和你所构建的每一个理念，并在是否会诱发你的焦虑情绪上有着不可小觑的影响。

如果我们知道到哪里去观察它们的话，就会发现，我们的限制性信念以不同的方式来显露自己。它们通常会导致恐惧、焦虑、不耐烦和挫败感的产生，也是我们"内在批评（inner critic）"的来源。如果你将内在批评的内容写下来，通常会发现，你已经背负着它们走了很长一段时间，极可能从儿时就开始了。

支撑你限制性信念大厦的三大支柱之一，是你的**生物构成**（biological wiring）。它是在幼儿时就有表现的一种倾向：外向或内向。外向的人通过和别人在一起，给自己增加能量；而内向的人则是通过独处。外向者的限制性信念可能是"不要一个人待着"，而且独处会让他很不舒适。内向者则恰好相反，他们难以和别人一起完成某个目标。

第二根柱子是你的**心态**，或是你的心理状态。如我们所证实的，你的乐观或悲观程度以及你对自己和世界的信任，决定着事件是如何影响你的人生的，甚至可以影响已经发生在你身上的事情。

第三根柱子是你**内在的"默认状态"**以及附带的情绪、思想、态度和行为。相信自己有能力完成决心要做的事情，是你走向成功的一大促进因素。信心、自我肯定、快乐，这些心理状态将会推动你大步向前，勇于冒险。

比如说，在整个孩童时代，你一直被这样告知："你一定不能得到你想要的。"如果你练习未来导向的思维方式，确信你做这些事情的时候很快乐，富有热情，坚持不懈，那么，你很快就会发现，那句话是错误的，因为这个过程让你知道，拥有足够的数据、时间、支持和资源能让你完成任何目标。为了使自己的人生不同凡响，你可能需要构建一种新的生活模式。

接下来的故事将向你讲述，一个年轻人如何通过支撑起"积极态度、勇气和毅力"的柱子，拒绝他人强加给自己的限制性信念。

图 2　限制性信念

大脑的超能力：设想

有一个男孩，他的父亲是一位驯马师，他很喜欢帮助他的父亲。工作得来不易，而且驯马为他们带来成就感。男孩和他的父亲必须学会灵活变通才能挣钱，所以他们经常要到不同的城市去工作。在高中最后一年，老师要求孩子们在一页纸上写下所梦想的未来。男孩写满了几页纸。他想要一个200英亩的马场，一幢占地4000平方英尺的住宅，其他建筑都围绕仓库和跑马道。他还在纸上设计出了马场。他放弃写他的作文，就将这几页纸交给了老师。两天之后，作业发

　　　　　　　　　　如何停止胡思乱想

了下来，他得了一个 F，还有一句评语"下课后来见我"。孩子问他的作业有什么问题，老师回答："你的梦想是不可能实现的。"他永远都无法实现这样一个宏伟的目标——他竟是从这么卑微的起点出发的。如果他愿意重写作业，关注实实在在的梦想，那么老师可以考虑修改他的分数。孩子非常震惊和难过，问父亲他该怎么办。父亲说这是你的决定，但也强调这个决定肯定会影响到他自己的未来。孩子思索了很长一段时间。他回到了学校，告诉老师："你保留你的分数，我保留我的梦想。"这个孩子就是蒙蒂·罗伯茨（Monty Roberts），世界著名的"马语者"和畅销书作家。他最后也建成了那个 200 英亩的马场。

通过保持那份"一定会创造自己梦想的未来"的信心，蒙蒂·罗伯茨挑战了权威和老师的限制性信念。

挑战你的信念

当你对未来感到焦虑或疑惑的时候，将你觉得自己无法完成或害怕尝试的事情列个单子，询问自己这些事情是不是阻挡了你冒险的步伐。有多少机遇是因为现实的阻碍而错过的，又有多少是因为那些未被证实、自我强加的信念而遗漏的？

现在请进行以下的练习：

1. 写下你想要进行训练的信念是哪些。这个训练将会升级你的"思维软件"。

2. 这些信念将会带你去何方？在脑海中设想这个场景，比如，"我可以实现任何下定决心做的事情"，或者"为完成目标，我需要做的是制订几个行为步骤，收集所有的数据"。

3. 想象坐在壁炉前，血液流向你的手和脚。重复这个过程：你的手暖和了，你的脚暖和了，最后你的心暖和了。坚持这样的想象，直到你的体温有了变化。

4. 专注改变你的生理状态，然后将你的脑波状态转变到 α 波。更深地呼吸，将注意力集中到一个愉快的能激发 α 波的场景。你可能会进行 2~3 次深呼吸，让身体里所有的张力得到放松。问自己："我最重要的事情是什么？我想做些什么？我的目标到底值不值得努力？我愿不愿意付出一切代价来实现这个目标？付出和收获的比例是怎样的？"记住，没有所谓的对错，但万事皆有风险。你的底线是，你正在追求的事情可以给他人带来积极的影响；你随时都能改变自己的思想。

5. 现在请不停地重复这些话：我很平静，很放松，我可以没有焦虑地想象我所期待的未来。我正朝着我最期待的未来前行。

想象那些不值得你拥护的人从你的头脑离开，腾出了空间。想象未来的自己给现在的你一个拥抱时，你就给自己一个拥抱，告诉自己：心有多大，舞台就有多大！

既然你已经探索了未来导向的思维方式，让自己摆脱了限制性信念，现在就迈开最后一步：抑制焦虑，让我们创造美好的未来。

→ 现在就来试试吧

为了让你的人生变得美好，就不能让任何障碍阻挡在你和你的梦想之间。回答以下问题，但请遵循这个简单的规则：不要焦虑。

创造完美的一天

1. 你会在哪里醒来？

2. 你会和谁一起醒来？

3. 你的早餐有些什么？

4. 早上的时候，你会做些什么？

5. 你吃什么样的午餐？

6. 你会和谁共进午餐？

7. 下午的时候，你会做些什么？

8. 你会和谁在一起？

9. 你在世界的哪个地方？

10. 下午的时候，你会去见谁？或者你更喜欢独处？

11. 你在哪里吃晚餐？和谁一起？

12. 你如何度过你的夜晚？你会去哪里？

13. 你会以怎样的方式来结束这一天？

如何停止胡思乱想

14. 你会在哪里入睡？和谁一起？

问题的答案会凸显你所珍视的东西，并找出你人生中失衡的部分。当你在回答这些问题，并没有为它们感到焦虑时，你所渴望创造的未来就会成为你奋斗的向导。

最棒的一个月

写下你在一个月里想要完成的事情。既然你已经掌握了几种可以任意使用的"消除焦虑法"，那么你的"清单"里至少要包括"少焦虑"一项。好好想象一下，你最棒的一个月该是什么样子。将这些都写下来，哪怕你自己都不能确定能不能完成。

有梦想的一年

在这一年里，你想要完成什么目标？你需要做些什么来实现"有梦想的一年"？你想去哪里？和谁一起？这是商业冒险，还是个人经历？将这些事项进行分类：

1. 个人。

2. 家庭。

3. 健康和运动。

4. 冒险活动。

我们已经讨论过将未来形象化的力量，未来导向的问题可以设定你内在的"GPS 定位系统"。你每天都可以使用这些工具来为你导航，驶向你梦想的未来。当你有意使用这些方法时，你就会关闭焦虑思维，激发热情和兴奋，对自己充满肯定，确信自己能够完成最期待的那个目标。现在，不要担忧那些还未发生的事情，但对自己的目标和行动计划要有非常明确的构想。

▲ 箴言：

当你用积极期望代替焦虑情绪的时候，你就会对你的预想和计划了然于胸，就能创造你最期待的未来。

下一章将会向你展示如何随意地打开和关闭某些"情绪回路（emotional circuits）"，如何通过练习来开启你内在的"遥控装置"，让你始终停留在正确的"情绪频道"上。

PART **3**

训练你的大脑

第六章

切换你的"大脑回路"

如果你认为所有的事情都关乎生死，你就
会虚耗很多时光。

——迪恩·史密斯（Dean Smith）

加布里埃拉的儿子又在开她的车，简直要让她崩溃，他才十来岁。夜间，直到听见他拿钥匙开门的声音，她才肯入睡，她预感他要闹出一场车祸。天知道他车上还有谁。她希望不是雷蒙德家的孩子，因为她只需要看他的脸就知道他在吸大麻。

　　最糟糕的是，大学费用的缴纳迫在眉睫。她害怕自己没有财力支付。如果付完全部费用，她可能在有生之年不会再有假期。她的前夫还在为另一个女人的孩子支付某些费用，她一直对此愤恨不已。她试着通过发展其他兼职客户的方式来解决问题，但其中一位客户讨厌得简直无法合作。上个星期，她想向她的母亲寻求帮助，但看到母亲空茫的表情，她怀疑母亲是不是得了阿尔茨海默病。如果是这样，不能寄希望于让她的弟弟妹妹来搭把手。加布里埃拉知道，一切只能靠自己。

　　听上去是不是很耳熟？你脑海里是不是闪过斯蒂芬·金式的恐怖"焦虑"电影？有没有一种方法，可以让我们按下暂停键，让大脑的恐怖电影暂停播放，我们也可借着这个机会调整自己的大脑，从一种不那么恐怖的视角看待世界。

　　加布里埃拉的状况是可怕的，但我们可以理解。我们也知道，如果能够帮助她转移注意力，就可以平静心态，解决问题，而不会让自己受到伤害。之后，她就能掌握摆脱恐惧和焦虑的思维方式，学会如何改变毫无期待的生活模式，继而调整大脑，让它更加顺畅地运作。

我们向加布里埃拉介绍了将神经再次模式化的方法，这个方法可以彻底提升她的生活质量。为什么要推荐这种方法？因为它是一种很有效的策略，会重新调整你的思维模式，调节情绪回路的刺激。如果清楚哪些情绪回路会在哪种情况下被激活，在应对这些情绪及相反的情绪时，你就会有更多的选择，可以自由地理解和应对其他情绪，并做出合理的解释。

通过将神经再次模式化的方法，你可以更好地控制情绪、消除焦虑、转变负面想法，平衡心理状态之间的张力。你只须弄清是哪些事件或想法引发了你的焦虑，重新训练你的大脑，打开另一个回路，降低自己的反应强度。通过练习，将神经再次模式化可以在深层次上提高你的专注力，准确定位让你感觉快乐和提升效率的最佳区域。如果遵照这个方法行动，你就可以改变。它同样也会帮助你做好进入最佳意识状态的准备。

我们已经介绍过，孩童时的经历普遍会形成我们的限制性信念，而这种信念靠信仰体系结构的三大支柱——生物构成、心态和内在的默认状态——支撑。限制性信念不仅会引起问题——经常会阻挡我们尝试去实现目标的步伐，而且会建立消极的生活模式。随着时间的流逝，这种模式会扩展到生活中其他的方面。

加布里埃拉的一个限制性信念是，她是唯一可以妥善照顾母亲的人。结果，她虽然担心母亲，但从来没有去说服弟弟妹妹来分摊照顾母亲的事务。一个人包揽这些事让她不舒服，她又不愿意面对难以交往的人。她的另一个限制性信念是，永远不会有足够的钱。因此，她陷入了过度负责（over-functioning）的生活方式，觉得应该为每件事、每个人负责。这样的话，她做其他事情的精力就被耗尽了。

现在来看一下加布里埃拉是如何形成她的限制性信念和生活模式的。

加布里埃拉出生在一个贫困的家庭里，家里没有足够的钱。她是家里的老大，父母让她照顾年幼的弟弟和妹妹。父母必须要干大量的活，却只能勉强维持生计，所以她扮演了家里第三个家长的角色。当然，弟弟妹妹经常不听她的话。父母尽可能让有限的收入物尽其用，尽量对孩子们好，但还是会批评她不能让弟弟妹妹变得规矩点。加布里埃拉照顾这么多的孩子，已经超出了她的承受范围，她一直都

　　　　　　　　如何停止胡思乱想

很有压力。父亲去世之后，她的责任更重了，既要照看弟弟妹妹，还要为家里做饭。她没有社交活动，经常独自一人，于是她心里烙下了"一切只能靠自己"的结论。害怕在青春期里遭遇危险，她形成了小心谨慎的生活模式。她是模范青少年，总是按部就班地遵守规矩，不沉迷任何青春期冒险活动和试验。然而，一直以来，由于缺少友情的滋润，失去自发性、异想天开和梦想远大，她的生命能量在逐渐衰竭。

加布里埃拉的孤独延续到了成年。尽管弟弟妹妹也已经长大，成为具有独立能力的成年人，但因为在孩童的时候，他们从未要求去承担分到自己肩上的那份家务活，他们一直延续这种模式，在母亲的事情上没有伸出援手。

加布里埃拉觉得自己在工作上没有得到赏识。她有一份好工作，但她的工作水平和专业度却没能获得相应的报酬。她没去和老板商量是否应该提高她的酬劳，而是通过兼职工作来增加收入。这部分收入的确很有帮助，但额外的工作时间让她疲惫不堪。丈夫有他的经济来源，却让她负责大部分的育儿经费。当他和孩子相处时，更倾向于扮演一名"风趣"的长辈角色。加布里埃拉的怨恨更深了。最后，丈夫选择离开这个家，和她离婚。讽刺的是，他再婚了，新娶的女人希望他当一名全职爸爸，在金钱和情感上能全心全意地对待她的孩子。

陷在困境中的加布里埃拉找到了我们。她的人生经历已经让她形成限制性信念，而这种信念逐渐演变成让她过分负责、无法划清界限、不能满足需求的生活模式。焦虑一直如影随形。她的生活能量被耗尽了。在某些文化里，这种能量又称为"气（chi）"，在法语文化中是"生命力（élan vital）"的意思，对享受生活至关重要。她麻木、孤僻，与外界隔离。她虽然超负荷工作，但薪酬太低，身心憔悴。她是一位单身妈妈，也是她母亲主要的照料者。有些东西必须要进行取舍了。

过去如何影响现在

你的每一个想法、每一种心理状态，都会在身体里引起化学反应。当你消极悲观的时候，五脏六腑就会溢满去甲肾上腺素或肾上腺素。当你心情愉悦、充满感激，体内就会释放内啡肽，这种化学物质能够让你感觉快乐。当你处在习惯性的心理状态，你就会"例行公事"地产生某种感受。你会产生哪些感受？它们是积极乐观的吗？如果你对某人愤怒了很多年，你就会调节你的内在状态和身体反应，使自己处于愤恨和失望中。你需要怎么做才能放下过去？越是纠结已经发生的事情，越是陷在往昔无法自拔，你就越无法享受当下。当你反复地回想过去的事情，而这件事依旧背负着某些情绪负荷——好事如赢得学校拼字比赛，坏事如被人甩了，大脑就会再次建立那件事情发生时候的模式，强化神经元连接的具体模式。为过去焦虑，只会让过去在自己脑海中徘徊不去。当你一直保持相同的情绪状态，就会训练自己启动相应的模式。最终，你形成了这样一种习惯，令你很难发现生活有了全新的改变。如果对新的刺激和经验作出不恰当的反应，你就会强迫自己复制过去的经历。一直生活在过去，你很难享受新的体验。然而，在你成长的路上，新奇的体验是必不可少的。

我们真正需要的是什么

我们青春期的经历和人际关系往往会影响我们的情绪回路，形成我们内在世界的神经基础，锻炼我们调节情感的能力。早期情感依恋的条件作用，创建了情绪系统的神经模式，而这个模式会贯穿我们的一生。当照料者通过舒缓焦虑和鼓励乐观心态的方式，对孩子的情感作出了恰当的反应，孩子就会逐渐学习让自己平静的方法，形成安全型依恋。安全型依恋的成年人既能与他人亲密，保持良好关系，也能独立自主。发展心理学研究者艾伦·肖尔（Allan Schore）证实，安全型依恋的孩子的大脑发育和不安全型依恋的孩子有所不同。不安全型依恋的孩子在和家长分开时，对离别表现出过度焦虑，对家长过分依恋。在经历分离时他们可能会很焦虑，也很受伤，之后就会用不理睬家长的行为作为自我保护的方式，用来抵制焦虑。

照料者在心理、生理和社会活动之间的协调方式，会影响到孩子的依恋类型。他们凝视孩子的方式、对孩子的培养方式、与孩子互动的频率、情绪的稳定——所有这些因素都会影响到孩子是否可以拥有健康的情感联结，以及情感联结的健康程度。联结（connecting）只是人类几种主要需求之一。所以，幸运的是，即便我们没有在儿童时期建立联结，到了成年也能够亡羊补牢。神经可塑性（Neuroplasticity）——大脑建立神经通路来适应外界变化的能力，意味着我们可以运用心理训练来建立内心的安全感，满足那些没有被满足的需求。

　　人类需求是生存必要的心理基础，包括对安全、秩序、求知、成长、贡献、社会地位的需求，以及对某个群体有归属感的需求。如果任何一项失去平衡，我们就会不舒服，感觉生命里有什么在悄然流逝，并为此感到焦虑。如前面讨论过的，未被满足的需求往往是消极生活模式的信号。

　　不管你的需求有没有得到满足，这都会影响到你的脑电波。当你感到无助时，你可能会产生高频率的 δ 波，使你意识混乱。如果你在孩童时就已经形成没有安全感的生活模式，你的 β 波频率就会增加，使你很难平静下来。有时，你可能会厌倦自己的工作，需要换个地方让自己成长。你在心里已经想着辞职的时候，θ 波频率可能就会提高。如果你和任何一个社区都没有联系，没有属于自己的时间，没有施展过自己的专业技术，你的 δ 波就会增高。看重自我是很重要的，觉得自己无关紧要可能会导致 θ 波频率增高，在副交感神经紧张造成的"下降循环"中感觉自己在"分裂"，最终会导致抑郁。当你感觉自己徜徉在生命长河的时候，你的需求可能已经被满足，你的脑电波处于平衡状态；当需求没有被满足时，你就更加难以转变心理状态、摆脱自我毁灭性的情绪和心态了。

人类需求依附于几种不同的情绪回路，每一种回路都采用特有的语言进行编码。它们是探索或好奇、暴怒、恐惧、欲望、关怀和呵护、惊慌和玩乐。这些情绪模式通常被熟悉的话语激活——我们在青春期里频频听到它们。一旦被激活，我们的思维模式和鼓励模式就能立即转变。例如，根据音调变化，"那是什么"的问题可以引起恐惧，抑或好奇。此外，这些自动加工的过程可以在无意识中引导你采取什么行为、发展怎样的关系。如果你知道如何训练大脑回路来为你服务，你的焦虑就能消除。

下面让我们深入地讨论这些情绪回路：

1. 探索/好奇：当这个回路被激活，你就会萌生好奇心理，渴望追求新奇事物、充满期望、兴奋不已、产生意向以及制订某个目标。你也会追求成就和奖励。孩童能够一直激活这个回路，因为他们天生喜欢探索所处的环境。当成年后放飞思想，摸索新的观点、地方、事件和兴趣的时候，也会激活它。不断探索可以激发你的渴望，让你对某些事情成瘾，因为探索会释放多巴胺，这种物质可以让我们产生美妙的感觉，我们通常会希望长久拥有这美妙的感觉。"探索回路（seeking circuit）"平衡的人会努力奋斗；失衡的人频繁地感到乏味，也会强制性地设定新的目标。当这个系统因为心理伤痛而不够活跃的时候，抑郁就会乘虚而入。这个回路需要刺激来引发生活的某种兴趣，它对"心流（flow）"状态也有所贡献。它还可以帮助你探索这个世界，成为你的"先锋部队"。

需要：好奇心和新奇事物。

积极的人生模式："我渴望学习新的知识，体验新的经历，建立新的人际关系，拥有不同的冒险经历。"

消极的人生模式："只要有所成就，我就必须进入更高的一个阶段"；"我需要猎取更多的新奇感来让自己满意"；"拥有物质、食物或其他东西才能让我感觉舒适，觉得生活美好"。

2. 暴怒：这个回路会让你觉得很挫败，产生责备和轻视的想法，留下受伤的、被误解和诽谤的回忆，激起攻击犯罪者的冲动。它促使我们在危险中采取自我保护措施。暴怒会立即切断探索回路，这就是为什么我们在暴怒下会失去洞察力、视野变得狭隘。你可以将这个系统称为你的"保护者"。

需要：身心舒畅、安全感和公正。

积极的人生模式：自我保护；自我防御；战胜恐惧；保护他人，将自己的安危置之度外。采取那些你通常不会选择但有必要的行动。

消极的人生模式：暴怒会使我们的注意力分散，比保护自己或他人时造成的伤害还要大。这种没有重点的暴怒会使你的表现欠佳。产生"没有人告诉我该怎么做"或"我必须实施报复"的想法。

3. 恐惧：一种产生逃跑、搏斗或者僵住不动的反应，同时也是产生焦虑和反刍思维的回路。当你遭受威胁时，它可以使你在危险的人物或事情面前采取行动或者僵立不动。你可以将这个回路称为你的"安全管理者"。

需要：安全和保障。

积极的人生模式："我会关注潜在的危险或威胁。"

消极的人生模式："我很容易受到伤害，也极易被人看透。"

4. 欲望：这个回路会刺激亲昵的行为和性表达。它对视觉和语言的暗示、激素变化和身体接触作出反应。你可以将这个系统称为你的"爱人"。

需要：释放性，身体接触，最好和亲密的人进行这些体验。

积极的人生模式："我享受性爱，想让伴侣感到愉悦，自己也能从中获得快乐。"

消极的人生模式："我必须通过做爱来和他人建立联系。"

5. 关爱 / 呵护：这个回路可以让我们表达同情、关心和柔情。在与他人建立关系上，关系的作用非常大。我们可以将这个系统称为你的"社区建设者"。

需要：向他人传递温暖、表达同情，这样就可以建立你的"个人社区"。

积极的人生模式："我关爱他人，也被他人关爱。"

消极的人生模式："我不能和别人划清界限"或"作为成年人，我依赖别人，想让他们来照顾我"。

6. 恐慌：如果我们还没有学会如何独处，这个情绪回路会使我们感觉与外界是隔离的。当一个人处在死亡的危险中，就会产生恐慌。你也可以将这个系统称为你的"救生员"。

需要：与他人保持联系。

积极的人生模式："在迫切的威胁面前，我仿佛被打了鸡血，充满干劲。"

消极的人生模式："危机一旦出现，我就觉得一切都完蛋了。"

7. 玩乐：这个回路让人产生乐趣，通过发笑的方式来表现。玩乐让生活更加平衡，从而消除压力，让你充满活力。一个人必须有了安全感，才能愉快地玩耍。所以，你可以将这个系统称为你的"娱乐总监"。

需要：乐趣和笑声。

积极的人生模式："在很多情况下，我可以看到其中的幽默，玩得愉快，享受其中的乐趣。"

消极的人生模式："我玩电脑玩得停不下来"或"我认真不起来"。

在加布里埃拉的故事里找到你所需要的线索，然后确定你自己的人生模式。在寻找你没有被满足的需求上，它们给了你什么启示？写下你的那些需求，试想一下，你应该怎么做来满足它们，将这些想法也写下来。

我们不可能一直都能自觉地控制内在状态，所以注意我们在一天里经历哪些情绪转变，熟悉哪些情况会引发我们的焦虑，可以帮助我们更好地掌握自己的内在状态。学会如何打开和关闭情绪回路，你便能更加熟练地管理生活和消除焦虑。通过自我调整，你就可以激活你所需要的正确回路来应对生活的各种遭遇。

如何将神经再次模式化

将神经再次模式化可以帮助你调节情感，使它们不脱离你的掌控。就像学习弹奏一种乐器或培养一种运动技能那样，你必须建立新的大脑连接并进行练习。如果你产生一种强烈的感情，并懂得如何降低它的强度，你就能解开行为和情感之间的关联，使新的思想行为与情绪状态产生关联。将神经再次模式化可以帮助你转移注意力，摆脱恐惧和焦虑思维，扭转那如死胡同一般的人生模式，调整你的大脑，让它更加灵活地运转。

在你追求成功的道路上，这七种情绪回路非常重要，特别是好奇、玩乐、欲望和呵护，它们是焦虑的"解药"。在你需要照顾自己的时候，恐惧、欲望可以刺激你采取行动，但它们必须被很好地控制，这样的话，你的情绪不会被过度唤醒，你就不会对自己的处境作出不恰当的反应。运用将神经再次模式化的方式，对负面情绪作一些细微的调整，就能够帮助你中断习惯性的反应模式。

步骤

下一次当你觉得焦虑或烦躁不已、脑海播放"一切都将变得糟糕透顶"的恐怖电影时，可**通过自我询问的方法重新将神经模式化**：发生了什么事情？我在担忧什么？只是用"好奇"来替代焦虑和恐惧，花点时间来回答这些问题，就能立即降低你情感的强度，给自己一个机会回避负面情绪，并转变到另一个更好控制、更能发挥作用的情绪状态里。

将神经再次模式化的下一个步骤是，**停止运动，检查你的身体**。你身体的哪个部位感受到了情绪？压力是不是存在于某个地方？回答极有可能是"是"，所以将注意力集中在压力上，试着回想你是在什么地方或在什么时候感受过它。这些信息会给出"为什么会做出这种反应"的线索。然后，进行几轮深呼吸，直到你的内心趋于平静。

一旦你用好奇代替了焦虑，那么**第三步就是自问"我需要做什么"**。比如，意识到自己需要感觉到被呵护。恰当的做法是，采取措施来激活可以满足这个需求的情绪回路，如预约一次足部护理或和伴侣共进晚餐——但可不要带上孩子。一旦你开始感觉良好，就意味着你有能力更好地解决问题。

第四步是在精神上召唤你的"先锋部队（好奇）""爱人（欲望）""社区建设者（关爱）"或"娱乐总监（玩乐）"。问自己：我想要探索什么？我想和谁做爱？我想多花点时间待在哪个团体里？我想参加哪种娱乐活动？想象自己按照这些意志行事，将会帮助你练习打开相关的情绪回路。

记住：你不可能同时拥有两种情绪状态。这个小道理适用于所有的情绪。幽默或娱乐很容易就能驱走焦虑、愤怒或恐惧。所以，为什么这么说呢？对糟糕的一天来说，最大的补救就是看着孩子玩耍和嬉笑。只是微笑，就能改变你的肌肉活动，开始将你的大脑回路从这种状态转变为另一种状态，所以，确保自己的处境不会激活那些带给你疼痛和麻烦的回路。你想要打开的是那些在任何情况下都会为你服务的神经回路。

当你产生负面想法时，就可以尝试这个练习：这种想法能帮助我吗？如果不能，重新将注意力集中到你的舌头上，想象自己通过脚后跟来呼吸。现在，不作任何消极的判断，仔细思考未来的种种可能，留意你如释重负的感觉。你只需关闭你的交感神经系统，打开"好奇"回路就可以了。

→ 现在就来试试吧

//

按照以下"将神经再次模式化"的步骤，用你的好奇心、自我呵护或玩乐来代替你的焦虑。

1. 承认焦虑的存在，直面引起你焦虑的事件。仔细回想你在什么时候感到积极乐观、充满希望？那个时候，你和谁在一起？又在做什么？

2. 用积极的词语来定义你的问题。集中精力改变你的消极反应，而不是在脑海里上映那些没完没了的影片，这样你才能管理你的情绪状态。

3. 确认你的目标情绪回路，以及你宁愿选择的精神状态。这可能包括"拜访"你的先锋部队（好奇）、爱人（欲望）、社区建设者（关爱/呵护）或娱乐总监（玩乐）。

4. 努力实现你想要的情绪状态。你可以运用在本书中讨论的任何一种方法，如双侧刺激、心智游移、深度"潜水"状态、未来导向的思维方式，或是将神经再次模式化，它们都能帮助到你。思考如何让自己更加接近目标状态，正如你走在鹅卵石小道上，穿过花园的时候，你需要怎么做才能感受到自己想要的感觉。

5. 通过回忆最近一次你感受这种新情绪的时间，来调整

如何停止胡思乱想

和强化这种情绪。描述一下你和朋友在一起的感觉，当你体验这种感受的时候，就要留意它。

6. 如果可以，随时进行这个练习。

7. 现在注意了，既然你的情绪状态趋向稳定，大脑就能制订一个更加可行的方案来解决那些曾经让你焦虑的问题。

8. 留意你的思维和直觉是什么时候开始发生改变的。你和他人的互动是怎么样的？你在互动中是不是不太活跃？

9. 继续练习那些最能消除焦虑的情绪回路。

行动计划

回到加布里埃拉的例子里。在进行以上的练习之后，我们问她是否愿意在她的限制性信念里寻找例外。她的限制性信念是"一切只能依靠自己"，但事实并非如此。她说，愿意。这算是巨大的成功了，因为产生好奇是她需要踏出的第一步，可以将她带出挫败和绝望的泥坑。她回想起当她坚持让弟弟妹妹来分摊照顾母亲的责任时，他们最终也同意了。

其二，我们让她认真想一下家庭实际需要她做的是什么，而她以为家庭需要的又是什么，她可以放开哪些事情？她想，她可以减少对他儿子的管束。

其三，她真的需要融入一个社区，这个社区可以给她带来欢乐和安慰，形式多样，如制订某个目标，培养某种兴趣或参观某个场所。她可以在哪里找到一个欢迎她并让她有归属感的群体？她热爱绘画，所以加入了一个艺术团体，他们定期见面，组织社交活动，开展个人艺术项目。

第四，我们建议她找一位指导老师。她在她的网络关系上搜索了一下，看是否有人可以和她共同完成这个事情。这个人还必须非常善于建立个人界限：如适当时，她们可以相互帮助；必要时，也敢于和对方对峙。她选择了她主日学校的老师，后者经常在《东方心理学》节目上发表演说。那位老师不仅和蔼可亲，而且擅长建立明确的个人界限。

从第一次体验"将神经再次模式化"的过程，加布里埃拉就说，她感觉舒适和放松。她用来寻找问题根源的好奇心，向她提供了她从未想过的答案。一旦她可以清楚地看清这些答案，问题就显得那么渺小、那么容易掌控。未来也似乎变得更加明朗了。

她开始动手解决矛盾，表达她的需求，当一名客户提出一系列可笑的要求时，她不是放任自己沉浸在愤怒里，而是开启"玩乐"回路，让自己保持良好的幽默状态。当体内的愤怒因子在叫嚣时，只会沉默地一味蛮干是不可取的。她找到了一个"温柔"的法子，明确彼此之间的界限，但回复的语气却很柔和。"为了完成这个项目，首先让我们一同弄清楚你所想要的和你真正需要的东西，然后从这点出发。但你必须得配合我的时间。"客户吃了一惊，但加布里埃拉的声调是那么的轻缓和自信，于是他回答："抱歉，我的压力实在太大了。现在让我们理智地解决这些问题吧。"

形成内在的稳定

　　我们真正想要帮助加布里埃拉体验的是内在的稳定。我们打开与我们所处的环境相符的情绪回路，就会进入一种更加平静的状态。当你的大脑满意这种沉稳的状态，这种状态就会保持得更长久。这种平静的大脑或身体状态是你内在的"默认状态"，它发挥了很大的作用。它是你在经历焦躁或欢乐后重新恢复的内在状态。通过练习转换各种情绪回路，你可以更好地控制自己。几个世纪以来，这种内在稳定被描述为对"思想""领悟""平静心态"或"内在力量"的控制。

　　为了达到那种境界，你需要在生理上发现这种内在力量。双脚站立，使自己保持平衡，感觉肚脐下方两英寸的地方是身体的平衡点。想象自己拥有来自宇宙的巨大力量，它从头顶流向肚脐下方两英寸那里的能量中心，然后流进脚底的土地里。当你以这种姿态站在那里，你就会变得更加强大。试着让某个人来推倒你；他将无法推倒你。一旦你记住了这种感觉，当你要作出情绪反应时应该运用它：将你的注意力转移到肚脐下方两英寸的能量点上，想象呼吸从那一处进出；使自己处于非反应状态的内在力量和决心，会将你的情绪回路从"恐惧"转变成"愤怒"再是"平静"。这个过程需要一些练习，然而，一旦你掌握这个技巧，你的控制力将会极大地提高。

  人有时会焦虑，这是很自然的。但是，能够拥抱自己的情感是很棒的，那样你就不必在情感的海洋里随波逐流。内在的资源为你的内心打造了一个护盾，让它坚强稳定。这些资源包括勇气、信心、思路清晰、形成紧急预案的能力以及意识。无论你身在何处，都请戴着这个护盾。没有人知道它就在那里，但你会发现，那些负面的或问题重重的情况就像光线一样被它反弹，从你身边离去。

→ 现在就来试试吧

想一些让你轻度焦虑或悲伤的事情。现在，微笑，保持一分钟的时间。噗！焦虑消散了，是不是？这就是你大脑的魔力。在走进会议室或需要打个电话之前，请速战速决，微笑，然后留意接下来的咯咯傻笑。当你的生理状态发生改变，内在状态也会随之改变。

如何停止胡思乱想

人际间的神经模式化

你的朋友、家人和同事会对你的大脑活动作出反应。如果你以一种僵化封闭的内在状态来与人打交道，别人只会对你产生防备，不仅无法与你合作，反而会产生冲突。相反，如果你心态平和、适应性强，别人就会积极与你相处。

健康的人际关系会帮助你减轻糟糕的大脑模式所带来的影响。这种模式包括崩溃（meltdowns）——我们喜欢称之为"通往疯狂之地的旅程（trips to Freak-out Land）"，以及消极性。你的人际关系越真诚，你得到的正反面反馈就越良好。

当加布里埃拉与人接触，与弟弟妹妹及客户之间建立明确的界限时，她的限制性信念开始消解，她的人生模式也随之发生变化。人们邀请她参加社交活动，弟弟妹妹时不时帮助她照顾母亲。她有了更多与自己相处的时间，也能将更多的时间花在令自己满意的工作上。当弟弟妹妹让她失望，没有尽到帮助的义务时，她也将这看作是一些微不足道的不方便，不会扩大成一场剧情丰富的闹剧。当然，她也不会顺其自然。她让弟弟妹妹知道，她依旧希望得到他们的帮助。一段时间以后，弟弟妹妹变得更加可靠了。

衡量亲密的最佳指标是和家人积极互动的频率，以及你想要询问和接收关于你们互动质量的反馈的愿望。为了衡量这个质量，当你处在人群之间，只须留意你当时的内在状态是怎样的。换言之，你是否注意到你和这群人互动时，给出的负面反馈比给另一群人的多？

当你真的和某人产生共鸣时，体内就会流淌过"被人认可"的舒适感。这样的话，你就能和别人分享欢乐和笑声。当这一切真的发生，意味着你的大脑处于同步运作状态。

人际神经生物学在所有的关系中都会起到作用，你对另一个人说的全部话语都会对神经产生影响。情绪极易被感染，当我们被负能量包围时，就会感到悲伤和忧愁。当身边的人都是积极乐观的，我们就会能量充足，情绪上涨，我们更希望经常和乐观的人进行交往。**让自己感觉良好的一个关键是，你选择和谁在一起。**

做最好的打算

当一个人开始满足自己的需求，适当地改变自己的内在状态，重新改写人生模式时，世界就会通过你不同的反应来折射这些变化。而这种新回应，会强化新的行为。

据报道，作家、学者、人类潜能运动的研究者琼·休斯敦（Jean Houston）曾和著名人类学家玛格丽特·米德（Margaret Mead）进行一场谈话，总结了我们之前谈论过的需求、信念和人生模式方面的内容。琼对玛格丽特说："你似乎幸运得令人难以置信，美妙的东西总是发生在你身上。你的秘诀是什么？"玛格丽特平静地回答："我只是这样期待而已。"

简言之：

1. 好奇心会平息恐惧，问自己，当你感到恐惧的时候，你真正害怕的是什么。

2. 玩乐（包括幽默）会改变愤怒。在合适的时候，在可能令人愤怒的情况下，试着看到幽默的地方。

3. 同情会转变愤怒和恐惧。如果你开始要消极地回应你的想法或别人的言语行为，那么，在此之前，请自我呵护或关爱他人。

4. 深呼吸可以平息焦虑和其他烦躁情绪。除非你放任自己进入一种无法让自己平静下来的情绪状态里。所以，当你察觉焦虑电影可能要在你脑海里上映，哪怕是察觉到最细微的暗示，都要尽早地练习深呼吸。

5. 成功人生的关键是，通过掌握随意触发情绪回路的方法，学会调节自己的情绪。

当你学会用一种情绪代替另一种情绪的时候，你就能够满足自己的需求，获得对人生的控制感，这样你就再也不用焦虑了。

当我们学会转变大脑回路，将那些阻碍我们成长的回路转变成促进发展的回路，练习进入那些和后一种回路相关的状态里，满足我们的需求，创造可以提升我们最佳存在状态的环境，我们的人生就会发生深刻的改变。此外，遏制我们的焦躁行为，腾出时间来自我关爱（我们将在第七章介绍），将能帮助我们平衡自己的人生。

如何通过自我关怀保持最佳的内在状态

担忧常常使细小的事情产生巨大的阴影。

——瑞典谚语

在这两年里，杰克既要照顾进行癌症治疗的妻子，又要照看年迈的父母，他觉得自己快要崩溃了。妻子的情况大有好转，他对上天感激万分，但他也非常担忧，感觉妻子的生命在不经意地消逝，自己在一旁看着却无能为力。他害怕自己正在失去快乐。他的脑海回响着令人费解的声音，那是一种为寻找某物而产生的疼痛。他清楚地认识到，一个人从健康到病情恶化是多么的迅速，他担心自己来不及发现他的"某物"是什么，只是觉得时间正飞速流逝。

你是不是担心有东西会阻碍你和"某物"建立深厚的联系？和你热爱的人们，和生命更深刻的意义。本章将会帮助你通过保持神经系统健康的方法来消除焦虑，而这种方法可以让你深度倾听内心的渴望和期待，珍惜自己的所有，为创造一个没有遗憾的未来而努力。

保持神经系统健康可以让你享受人生

我们的文明几乎总是让我们陷于这样的危机里。现实生活中，很多人忙于实现目标和照顾他人，却常常忽略自己，忘记健身、度假、培养兴趣，甚至和家人相聚，我们就像

如何停止胡思乱想

挤海绵一样挤出一天中的每分每秒，用来提升自己的外在表现。但是，当我们变老即将成为空巢老人，或面临退休时，很多人开始担忧，担忧死亡，担忧我们曾经做出的选择是否正确，担忧现在的一切是不是我们想要的，担忧我们是否还有时间实现那些被搁置一旁的梦想。这类焦虑可以引发中年危机。那么，保持神经系统健康和自我呵护，这将使你产生自我认同感、将脑波状态从忙碌的 β 波转变成平静舒适的 α 波，在关隘口拦住这些危机！自我呵护的行为其实很简单，就是在你喜欢的椅子上坐下看书，或遛遛狗，是任何一种以"让你放松平静、可以和生活产生更多关联"为唯一目标的活动。在这些活动中，焦虑自然就会平息下来。你越是将这些习惯融进日常生活里，你越能够调节你的大脑，让它处于平静状态。

健康的神经状态如何提升你的洞察力

苟刻且有压力的处境使杰克遭遇了某种存在危机（existential crisis），而大多数人最终会以某种形式遇到这类危机。哪怕是在快乐的人生里，疾病、对食物和住所的需求及悲剧都是其中的一部分，它们经常让我们质疑我们的选择，再次判断我们对未来所做的假设和计划。当杰克找到我们的时候，很多相互冲突的情感充斥着他的胸口。一方面，他想要照顾妻子；另一方面，他怨恨自己的某些需求没有被满足。他担心自己的生存状态只能充斥着无休止的照顾。在人生的这个阶段，他有自己的想法，想进一步深造，开始自己的事业。但现在，只能将这些计划束之高阁。他既没有精力学习课程，也不能冒着失去收入的风险。他和妻子没有走上曾经计划过的任何一条道路。为此，他非常失望。

我们鼓励杰克谈谈他的挫折，向他保证这种不舒服的感觉是很正常的。他开始讲述，当他将内心里压抑的紧张情感尽情宣泄时，泪水慢慢地涌上了双眼。因为妻子身体不好，他不会和她分享这种情感。我们让他讲述他曾和妻子计划的人生道路，以及这些探险活动会对他的人际关系产生什么影响。他说，它们很浪漫，让他和妻子变得更加亲密。我们让他思考，他在妻子病重的时候照顾她，心里是什么感觉？他沉默了一下，说道："我感觉和她更近了，我不想失去她。"失去妻子的恐惧让他意识到，她对他有多么重要。杰克知道，没有人会希望遭受妻子那样的病。在这种令人害怕的严峻情势下，他找到了和妻子在一起时的情感核心：亲密。杰克充满柔情地回忆，当他在照顾妻子的时候，他们互相凝视对方，爱意也随之加深。与我们相处时，杰克找到了一处安全的地方，让自己的挫败情绪得到发泄，也让他认识到这些苦难会浇出美丽的花朵。他担心生活会自顾自地从他身边走过，而他的个人需求却依旧没有得到满足。

杰克感到心力交瘁。更糟糕的是，他遭受着"未来会独自一人"这个可能性的威胁。他担心自己不能过上想要的生活。我们让他思考，他需要怎么做才能重获力量，让自己有充实感。他思考了一段时间后，做出了回答。自从妻子生病以来，他几乎没有自己的时间。我们一点也不惊讶。当人们发现自己陷入需要他们高度关注的危机时，他们常常会高度集中注意力。杰克害怕自己在给予爱和支持的过程中迷失自我。恐惧和个人责任感变得如此强烈，以至于他无法向朋友、家人或邻居寻求帮助。哪怕处境有所改善，他依旧习惯以这种方式生活。在重新调整和扩展关注焦点上，他可能还会遇到重重困难。杰克想着，现在是否是尝试改变的好时机？

我们建议他请假一周，报名参加一期密集禅修。在那里，他能够关注自我、补充睡眠，学会面对他的焦虑想法和其他情绪。这些活动几乎耗尽了他的假期。他已经用光了老板的太多美意，再请假只会让他感觉不舒服。我们向他保证，哪怕只是用周末某一天清晨的时间来进行冥想，也是朝保持神经系统健康的正确方向迈出的一步。

为了使神经系统保持健康，我们必须让自己参加那种可以减轻压力、改变不良生活方式以及可以在我们的思想、身体和大脑之间产生协同关系的自我关爱运动。杰克可以选择他喜欢的方式——散步、看电影、健身，和朋友一起吃早餐——只要它能够完全让你心情愉悦、释放压力。此外，他是很有必要每天花上一段时间让自己放松和冥想的。每天几分钟的冥想可以使心理更加健康。当你可以不带任何评判和期待，全身心地沉浸在当下时——这是大多数冥想练习的目的——你不仅可以将痛苦和压力降到最低，而且更能意识到是什么让你充满活力地享受当下。

我们向杰克提供了两种冥想策略。第一种称为"连贯性呼吸法（coherent breathing）"，一种可以将交感神经和副交感神经系统都带入平衡状态，使整个大脑的 α 波频率统一的方法。你几乎不需要花费太多时间就能拥有这种非常棒的感觉。方法并不难：以舒服的姿势笔直地坐着，放松你的脸部、下巴和舌头，将呼吸放缓，吸气，每口气保持 6 秒钟，腹部鼓起，呼气，保持 6 秒钟，腹部收缩，你将能立刻创造深度放松的状态。在连贯性呼吸的一个周期里（呼气 6 秒钟，

　　　　　　　　如何停止胡思乱想

吸气6秒钟），α 波的振幅立刻上升。一旦你感到平静，就回忆你所关心的人和事，想象此时呼吸是在心脏里进行的。有研究明确显示，这种方法可以让你迅速地达到内在的平衡。

第二种冥想呼吸练习被称为"放松反应（relaxation response）"，由哈佛大学医学院的赫伯特·本森（Herbert Benson）所创造。它可以帮助你进行较长时间的冥想。它同样也不是很难：找一处地方坐下，全身放松，闭上双眼，在你脑海的"屏幕"上看见数字"1"。当你缓慢呼气，想象数字"1"移向远处；当你吸气时，将数字"1"拉回"屏幕"的最前方。你的思绪将会很纷乱，所以就让它们自由来去吧，但必须一直轻柔地将思绪拉回到数字"1"上。每天花5分钟进行这个练习，然后逐渐增加到20分钟。你内心的纷乱最终会得到缓解。

冥想可以自然地将你的大脑带入一个更有乐趣、有更多交流的地方，降低你焦虑的频率，因为我们的情绪是随着我们关注点的变化而变化的。当你将注意力集中在消极经历上，只会使消极变得更消极；而集中在积极的经历上，积极的强度就会提升，获得积极感受的次数也会增加（更确切地说，提高的是你关注积极经历的能力）。将时间花在对细小事情的留意上，如感受微风拂在肌肤上的感觉，观察呼吸时气体的轻柔进出，这都会让我们将关注聚焦在当下，转移焦虑。

带着妻子的祝福，杰克在接下来的周末睡了个懒觉，将大部分时间花在阅读励志书籍上。他开始每天进行冥想。我们第二次见到他时，他已经找到了新的视角。他意识到和妻子在一起的时光，变得那么宝贵。尽管治疗过程很痛苦，失去她的焦虑在内心盘旋不已，但对他而言，生命的意义已经和家庭紧密相联，已经变成了与家人相聚、和他们分享亲密体验，哪怕这些时间可能比期望的要短些。这是他的目标，远远高于他能挣多少钱、获得什么物质收益或赢取怎样的荣誉。但他也知道，自己想要创造性地表达自我的需求可能会得不到满足。他一直梦想成为一名雕刻家，年轻的时候，他专注于他的艺术才华，获得很多奖项，但妻子的需要，迫使他将对梦想的追求搁置一旁。他没有意识到，不能自我表达以新的方式在消磨他的精神力。失去了个人的创新追求，他渐渐将生活的重心放在妻子的身上。值得欣慰，他妻子的身体有了很大的好转，并在新视角的引导下，他开始思考如何对生活做一些调整，将他的激情重新拉回人生里。

　　　　　　　　如何停止胡思乱想

专注自我可以改变未来

　　像杰克那样，背负太多的责任会让你对日常生活变得麻木，造成你和外界的疏离。你可能没有意识到这种情况，但当你被生活压垮的时候，你的情感和知觉被压抑，欢乐的时光就会消失。你腾出更多的空间邀请焦虑入住，赋予消极事件更大的意义。自我关爱习惯有助于保持神经系统健康，从而帮助我们建立深层次的关系，降低我们对焦虑的需求，之后出现的细小变化会让我们遇见最好的自己。它使你开始留意微小的机遇，而这往往标志着崭新未来的开始。想象自己未来变优秀的样子，以那样的自己为榜样，一步一个脚印去努力，而不去担忧实现的过程，这就是发生在杰克身上的变化。如今，他成立了自己的雕刻工作室，他充满新的激情，开始筹备新的项目。三个月之后，他开始认真地思考如何开创属于自己的事业。

→ 现在就来试试吧

接下来的自我关爱练习通过将神经再次模式化，重新调整和连接大脑，消除焦虑、抵制压力，让你重获人生激情，提升健康状态，了解自己有哪些需求没有被满足，关闭脑海中的恐怖电影。你越是积极乐观，你越能激活那些能引导你思考如何实现梦想的神经通路。

1. 喝一杯茶

红茶和绿茶都含有一种叫作 L- 茶氨酸（L-theanine）的氨基酸。它可以刺激 α 脑波，让大脑处于平静又警觉的状态。你可以坐下来，好好享受围绕在身边的温暖和安静，问问自己："我的激情是什么？"

2. 在一处流水前坐下

当然，最好是优美的风景，如湖泊、溪流和海洋等，小型的室内瀑布也是可以的。哪怕只是观看图片中的水流，也能抚慰你的内心，激发你的 α 脑波。这会缓解你的焦虑，让你拥抱轻松舒适的感觉。问问自己："我如何才能将时间腾出来给自己？"

如何停止胡思乱想

3. 摇一摇雪景球

你可以自己制作一个雪景球。将美胜瓶（Mason jar，家庭自制罐头食品用的大口玻璃瓶）装满水和闪闪发光的小亮片，这样一个雪景球就做好了。压力总会限制我们设想各种可能性的思维。这个练习可以帮助你放松，让你知道你从来都不是你所想的那样无能为力。当你观察雪景球里"雪花"轻柔地飘落到"地面"的时候，想象这就是你的焦虑，它们像尘埃一样落地了。我们的大脑往往会先关注消极思维，而不是积极思维，所以就让你的消极思维像"雪花"一样顺畅地落到地面，这样你就能挪出空间安置你的积极思维。当你呼吸放缓时，你就能开启令人放松的 α 脑波状态。每次使用你的"思维雪景球（mind globe）"的时候，通过重新铺设通往你内在资源的道路，你能姿态优雅地找回可能性。你在摇雪景球的时候，问问自己："我的生活存在哪些我从未想过的可能性？"记住：你必须每天进行放松练习，使那些会导致慢性病的压力基因消散。放松时的积极时刻，会增强那些促进你的健康、让你的表现达到最佳状态的神经通路（这一点我们将在第九章讨论）。

4. 观看一群鸟列队飞行

当它们从你头顶飞过,你会好奇它们如何在飞行时完美地保持彼此间均衡的距离。观看这样一群鸟同步飞行,真令人着迷,同时会让我们集中注意力,精神得到放松。也许鸟类一般能产生和感应引导它们前进的磁场;可能内心的罗盘为鸟类指明了一条路。静止状态也许会让你获得这种能力。问问自己:"对现在的你来说,哪条路是正确的?"

5. 经常和快乐的人在一起

当我们感到快乐时,身体会释放催产素。笑能宣泄压力,与他人建立良好联系,打开我们的"玩耍"回路,增加 α 波。你的大脑会模仿或接纳别人的情绪状态。问问自己:"让你开怀大笑的事情是哪些?"

6. 慢慢咀嚼会提升品尝食物微妙味道的能力

种类齐全的食物,将会为你的细胞提供所需的能量和营养。最新研究表明,当你的食物质量提升时,思维会更倾向于快乐的内容。问问自己:"当我吃完某些东西的时候,感觉是怎么样的?"

7. 定期运动

运动可以稳定情绪，强健肌肉，使你的身心都感觉愉悦。在心态平静和消除焦虑的功能上，运动比安慰剂或抗抑郁药更加有效。每周进行3次有氧健身和举重运动，可以规避焦虑和压力的风险。问问自己："运动之后的感觉有多棒？运动一次花多长时间？"

8. 晒晒太阳

研究显示，我们的身体可以发出能够反映身体健康水平的光子（photons of light）。身体需要阳光的滋养，促进光子的产生，增加维生素D。我们几乎都是在房间里工作和生活，远离自然光，所以在白天多花点时间到室外走走。不运动的人往往会产生更多的焦虑和压力，缺乏维生素D。在阳光里散步可以让你感觉更快乐，身体得到滋养。问问自己："在阳光里散步之后，我的感觉是怎么样的？"

9. 以激励思想和感恩之情作为新一天的开端

这个练习可以让这种内在状态成为你新的一天的积极向导。有意列举很多你可以从生活中获得的"馈赠"，而不是回顾那些被暴力地证实的黑暗力量，你就能将意识转移到美好的事情上。当某种可能性突然出现，灵感会让你全神贯注，让你痴迷，并帮助你超越焦虑。J.K. 罗琳在采访中曾经说过，哈利·波特额头上有一道闪电型伤疤的形象是突然闪过她的脑际，给了她灵感，让她完成了这个故事。对一个想法的痴迷，最终会变成让你有所发现的水晶球。

10. 每天冥想

任何形式的冥想对你都是很有帮助的。当你一直想要摆脱的焦虑试图在你脑海扎根的时候，冥想可以教会你保持身心平静，驱逐那些想法。在"冥想如何影响自我关爱"的研究中，美国威斯康星大学的神经科学家理查德·戴维森（Richard Davidson）发现，冥想会刺激很多生理反应：交感神经系统镇定，血压降低，免疫反应增强。冥想者也会经历很多心理变化，但他们很少发怒，有强烈的怜悯心，对喝酒不感兴趣，情绪反应较少，称自己为快乐者。戴维森的测试对象在报告里表示，在他们脑海里循环不止的痛苦想法都消失了。弗吉尼亚大学医学院研究表明，带来压力的思想和感受，会加剧那些产生慢性病的炎症，最终影响我们的免疫系统。在 2012 年的一篇论文里，乔纳森·基普尼斯（Jonathan Kipnis）和他的团队概括了他们的发现：中枢神经系统和免疫系统之间存在独特的相互作用。尤其是从过去分离的恐惧，会使你的身体状况恶化，导致慢性病。根据美国哈佛大学一项为期五年的关于冥想的研究，你可以简单地冥想一个单词，这个单词可以使你获得某种重要的内在资源，如安静、平和或信心。问问自己："哪个冥想单词对你最有效？"

11. 将身体变成个人的生物反馈系统

　　每天几次定时进行自我检查，比如，早上10点、中午2点、下午4点。在压力思维和身体的紧张感脱离你的控制前，你会发现这种状况，然后提醒自己保持冷静，运用我们之前讨论过的任何一项练习，让自己尽可能地保持清醒和稳定，让身体处在最佳状态里。问自己："当我允许焦虑在这些特定时间里消失时，消失的焦虑有哪些？"

找到你的暂停键

有时我们不能关爱自己，是因为觉得工作太忙了。但我们却经常依靠成瘾行为或成瘾物质，帮助自己处理生活的冲突，殊不知这是主动损害自己身体的举动。而有时，真正造成生活冲突的却是我们的瘾性。不管是食物、酒精、性或其他东西，瘾会用它可怕的后果击垮你。唯一的好处是，当你跌落谷底时，它能给你机会进行自我反省，像其他所有的生活冲突一样。但如果你还没有完全成瘾，你可以在毁灭性的结局到来之前，选择改变自己，例如在傍晚前喝酒。它正在形成的就是这个"暂停键"，就像帕米拉·皮克^①所说的"内心的一个暂停键"。如果你可以按下暂停键来延迟你的冲动，推迟过度进食或酗酒，你就不会被你的想法牵着鼻子走。

将运动和冥想这些自我关爱行为，培养成一个良好的习惯，能够帮助你形成内在的暂停键。当你感觉不舒服或精神无法集中的时候，运动能让你将思想置于问题之上。在短时间里，这种感觉是很棒的。随着时间的推移，当你的精神面

---

① 帕米拉·皮克（Pamela Peeke），美国马里兰大学医学助理教授、作家、长期冥想者和食物成瘾研究专家。

貌有了改观，信心也就有了。冥想会让你不作任何评判地观察你的情感起落，或给自己讲述一个故事。一段时间后，你的焦虑会逐渐消失，想法也随之发生变化。运动和冥想教会你留意自己的思维状态，但不必遵循它们来行事，这就增强了你按下暂停键的能力。例如，你觉得自己身体出现了问题，你有了这个想法，开始担心并反复思考这个可能性，却没有去看一下医生。冥想可以减轻压力，牵制你的反应。你检查出了一个令你担忧的症状，但没有对此纠结不已。你应该以这种方式坚持到底。然后，以这个想法为基础，制订行动计划，让焦虑情绪得到清除。因为你享受从大脑训练中获得的更加平和的精神状态，所以当焦虑产生时，就将它放下吧。

此外，运动和冥想可以增加你的能量，增强你的基本需求，提高创造力，加强自我反省，让你更加快乐。它们也会缓解你的焦虑，提升你控制人生的能力。任何促进神经系统健康的自我关爱行为，都能让你重新调整大脑模式，打开不同的情绪回路。当这些神经通路被激活，它们就会帮助你重获内在资源，让你相信小熊维尼的智慧名言：你比自己想象的更勇敢、更坚持、更聪慧。

我们很多焦虑都是来源于对未知的恐惧。就像约瑟夫·坎贝尔（Joseph Campbell）所说的："我们必须心甘情愿放弃所计划好的生活，才能迎来正在等待我们的生活。"
这里再次强调，自我关爱是大有益处的。它不必是体力运动，
可以是改变饮食结构、摆脱失常关系、换掉一份毫无前途的
工作或放弃硬要挤进一个"圈子"里的企图。你担心事情的
发展比实际更加糟糕。如果你能够面对你的担忧，敢于跳入
"改变"这个危险的深渊，上帝会为你打开一扇大门。离开
熟悉的东西总是让人感到遗憾。投身进新的环境总是让你充
满期待又有些局促不安，直到新东西也变成熟稔的东西。冥
想和运动的最大功效是，让我们认识到自己最深刻的一面。

深度自我

深度自我是全人类在心理、哲学和精神层面上先天固有
的，它是指在智慧和心智上进行自我表达。

当杰克平静下来的时候，他焦虑的本质逐渐消解了，因
为他不再二元对立地看待这个世界。在"照顾妻子而牺牲自
己所有的热爱"和"实现自己的梦想"中，他不再需要二选一。
他愿意接受他的挣扎和挫败，也看清了很多事情。其一，平
淡而艰苦的照料生活也是很有意义的；其二，照顾妻子并不

意味着他需要盲目地损耗自己；其三，他可以向别人寻求帮助，腾出时间来满足自己想要创造的精神需要。在自我关爱过程中的成长，让他重获能量，使他和妻子的关系更加紧密。他找到了自己内心里的罗盘，它引导他摆脱了非此即彼的思维方式。于是，他的焦虑慢慢地消失了。

当然，没有焦虑并不是说他不再有其他问题。但他对自己解决问题的能力有了更多的自信。和深度自我及他人建立更紧密的联系，重新获得创造力的火花，整合内心的使命感——这种新的心态让他更倾向于创造性的行为，打破了强迫性焦虑的怪圈。他最终成为过去一直想成为的那个自己。

深度倾听

杰克开始放慢步伐，当他觉得疲倦的时候，就倾听内心的渴望，留意身体发生的信号。我们将这个过程称为"深度倾听"。它帮助你和自己最深刻的一面建立联系。深度倾听是指不作任何评判地对自己的思想和情感充满好奇，并试图控制和改变它们。利用你内在一个"有礼貌"的"耳朵"，你就能"目击"你的思想和感受。如果你从来没有给予自己这种关注，那么在开始时，你很难做到亲切地对待自己和倾听自己。如果你在阅读这本书，那么往常的习惯可能就会和你的思想及感受进行讨论、争辩和抗争，然后为它们感到担忧。但是，如果你可以走进内心更深处的地方，在沉思中真正做到聆听，那么你将会开始更加尊重自己。你甚至可以更加尊重你的焦虑思维，不对自己做任何评判。当你在冥想中进行深度聆听，你通常会意识到自己一直紧抓着陈旧的局限性思维不放。这种认识能够让你释放焦虑，停止挣扎。最终，你就能更加放松，更加关爱自我。

比尔曾经被劝说到佛教寺庙进行冥想。他和一群人一起专注练习呼吸，这是简单的冥想。室内的空气不流通，他感觉暖烘烘的，开始出汗。当他大量流汗时，很难将注意力集中在呼吸上。比尔变得很焦虑，担心自己的练习不正确。他越担心就越出汗，越出汗就越挣扎着要集中注意力。他开始在内心和身体信号之间进行战斗。

最终，比尔意识到，通过转移注意力和改变情绪回路，就能改变他的精神状态。他的注意力跟着汗水流淌在脸上，他冥想"流汗"这个单词。这种专注让他放松，而不是和流汗作斗争。利用"心灵之眼（mind's eye）"，他观察到汗水从头上滚落，落在他的颈背上。落到颈背上时，他感受一阵微微的寒意。当他和他的思想抗争时，他无法留意这种寒意带来的更多的舒适感。他注意到，他的体温在冷与热之间相互交替。通过转移注意力，他不再认同那些感觉不舒服和无法跟随自己呼吸的人，所以，斗争结束了。放下焦虑，内在的斗争将会让你有所洞察。通过打开好奇这个情绪回路，比尔消除了"不能正确进行冥想"和"出汗"带来的忧虑。深度倾听自己的思想和感觉，但无须对它们作出反应，他最终完全改变了这场经历。

　　"从知觉中分离"和"封闭知觉"之间存在一条细微的分界线，但你只须观察正在发生的事情就可以了。当我们从疼痛之类的知觉中分离，难以将足够的关注放在照顾自己的身体上，也很难采取恰当的措施。例如，在进行冥想练习之前，比尔已经备受肩痛的折磨。他的运动员背景，让他深受"一分耕耘一分收获"的信念影响。如果不能强迫自己超越局限性，这种信念会引导他开始焦虑。他在脑海里听到教练这样教导自己，这对强迫自己起到重要的作用。比尔选择忽略肩膀的不适。他将自己从肩痛中分离出来，继续在健身房里练习举重。在很长一段时间里，他很容易让自己和疼痛隔离，尤其是他感到温暖、肾上腺素升高的时候。然而，殊不知，他将他的炎症变成了之后要默默吞下的苦果。比尔必须让自己忍耐疼痛，让自己和疼痛分离，这导致他的状况越来越严重，直到最终不得不进行手术。当你没有深度倾听身体的声音，焦虑有时会引导你做出糟糕透顶的决定。

当你深度倾听你的渴望，安抚焦虑，就能轻易地看到你期待的未来图景。当你设想某个未来，你更有可能会创新性地思考如何实现那个未来。艺术家、音乐家、商人、发明家和企业家总是这样，由内心的智慧来引导，将创新思维变成现实。当这一切真的发生，好像是音乐在谱写自己，颜料在描绘自己，创新性的想法一下子蹦进了脑子里，仿佛有人在耳边轻声告诉了你一样。心理学家戴尔·沃尔特斯（Dale Walters）[1] 曾和印度苦行者共同进行研究，从这些研究中，他相信，我们与自己的"信息领地（field of information）"存在某种关联，而正是从这种关联中我们获得了这些创新想法，而"信息领地"普遍存在每个人内心里，相互间进行共享。他假定，直觉实际上是大脑在回忆它从集体无意识（collective unconscious）中收集到的信息。深度倾听你的直觉，使你和万物都产生了联系，因此会让你产生强烈的安全感。这就是

---

[1] 在20世纪70年代，戴尔·沃尔特斯曾和门宁格学院的心理学家兼生物反馈研究先驱埃尔默·格林（Elmer Green）一起工作过。

　　　　　如何停止胡思乱想

为什么有着高度直觉的人不会担忧自己所感觉到的事情，而那些不相信或过度关注自己直觉的人则不会如此。

我们的一个客户正在和她的高度直觉进行着斗争。当她和别人同在一个空间（如教堂或办公室）时，她能感受到他们的痛苦。这种经历令她非常不舒服，程度之强烈甚至让她觉得自己很疼痛。她担忧，察觉别人的感受会让她越来越无法忍受。我们清楚，在移情（empathy）作用中，θ 脑波占据主导地位。我们建议她利用脑电图仪器检查一下她的脑电波情况。果然，她在睁眼的时候，产生的 θ 脑波比其他脑波更多。所以，我们知道让她感觉舒适的关键是，她要学会如何调节这种慢频率的脑波。她学会了深度倾听：她想的时候，允许信息进入；不想的时候，忽视那些信息。

在教导她如何更好地控制优势脑波上，唯一的问题是如果她没有坚持那些在家里进行的大脑训练，可能就会失去她的直觉能力。过去，积极的预感引导她在生活的许多方面做出了正确的决定，而她依旧希望获得这种内在的指引。

首先，我们建议，当她专注日常活动时，如调节银行存款或列个清单到杂货店去购物，留意大脑发生的变化。按道理来说，这些日常活动会减小慢频率脑波的振幅，增加 θ波。但事实上，这些活动会降低她的直觉能力。她练习将注意力在"认知活动"和直觉接受状态之间来回移动，反复多次，直到她感觉已经控制了注意力。她练习在心里列个清单，然后让自己进入深度放松状态，和待在同一个空间的人进行协调。如果注意到感受别人的疼痛会让她不舒服，就将注意力移开。深度倾听她的舒适程度，已经变成了是否转移注意力的信号。她学会了如何转移注意力，就像换一个广播频道一样。当她掌握如何与他人协调的能力时，不适感消失了。通过深度倾听，她能够更加灵活地转变精神状态。

设计新的冒险经历

约瑟夫·坎贝尔说过："我不相信人们会像寻求生存经验那样去寻求生活的意义。"除了重要的自我关爱练习，你还可以通过新奇有趣的经历，来消除焦虑和不安全感。探索新的地方、不同的文化、哲学或有趣的事情，可以使你的生活充满生机，扩展你的思维。过去你曾做过什么事情，让自己感觉精力充沛？你想拥有哪种新奇的冒险历程？如果你没有头绪，那就先去尝试一次新的经历，你可能想做一些事情，但从未有勇气去做。这将会刺激你的兴奋点，给你带来新生的能量。

如何停止胡思乱想

自我连接和共享连接

在内在状态、视角和个人决定上，自我连接（self-connection）为你提供更多的选择，从而避开焦虑的困扰。它能让你高度意识到你的知觉和处境，让你觉得生活更加充实。如果你有和宠物接触的经历，你就能感受到那份喜爱和欣赏的心情。当猫咪想要我们在早晨醒来时，它就会轻轻地跳上床，靠近我们，小心翼翼地将它的爪子放在我们眼睛上。这就是共享连接。当你处在亲密关系中时，你会深刻地感觉到和所有的一切都建立了关联。当你焦虑的时候，你和这些关联就割裂了。

我们的自我关爱练习之一，是凝视电脑中加利福尼亚州伊莎兰的海洋图片。每次我们看到它的时候，会感觉到自己的内心在逐渐地平静。

这处风景让我们想起在伊莎兰学院授课时遇到的摄影师安迪。每当他感到焦虑的时候，他都会驾驶他的船出海。某天，他深陷在一个财务问题中，于是他将船驶出海，去拍摄几张照片。一头漂亮的白鲸在离他很近的地方浮出了水面。能亲眼看到一头这样巨大的生物，是一场非常美妙的经历。白鲸在船边游来游去，看着安迪，甚至深深地凝视着他的眼睛。这是令人震惊的时刻，他和白鲸建立了关联，而他从未预料过这样的时刻。然后，白鲸潜入了水中。安迪发现，他的焦虑在这个时候消失了。这场经历中断了他对金钱的焦虑，将他的注意力导向了这场奇妙的邂逅，缓解了他内心的纠结，最后他放下了所有的焦虑。当他开始在大自然的怀抱里寻找建立某种关联的时刻，这个过程就会发生。他将看到的风景拍了下来，之后他的摄影事业像鲜花一样绽放，他的财务烦恼也逐渐消失了。人们最喜欢的是白鲸凝视着他的那张照片，还有其他许多和大自然的动物有亲密关系的照片，如鸟儿和人类交流的照片。

他保持驾船出海的习惯，一去就是几个月，希望能够再次见到新的朋友。有一天，他正忙着拍摄周围悬崖的风景，一头鲸鱼在他的船边不远处浮出了水面。它的眼睛周围有着安迪熟悉的颜色，安迪一下子就认出了它。他微笑着向它打招呼："你好，老朋友，很高兴再次遇见你。"他再一次拥有这种建立关联的时刻，眼神的交汇让他觉得安心和熟悉。这是亲密的时刻。**你最终会和万物都有联系，这个意识可以让你预防那些强烈的困扰，尤其当你独自一人漂泊在"焦虑大海"里时**。中断陈旧的思维方式，将注意力重新导向内心的静谧，会让你平息焦虑，关注新的事物。

　　　　　　　　如何停止胡思乱想

听从内心的声音

有一天，我们沿着圣安东尼市区的河滨步道散步，那是我们最喜欢的地方。偶然一次机会，我们遇到了一家非常有趣的商店，里面出售画作、雕塑和雕刻品。我们被一个木刻的有鳞甲和长腿的青龙吸引住了。在东南亚文化中，龙具有个人保护者的象征。龙的一只脚的底部印有一只黑羊。我们向店主询问雕刻家的情况。店主告诉我们，这位艺术家是一位年轻的女士，她家境贫寒，只能勉强维持生计，所以她的家人不可能支持她创造艺术作品的梦想。艺术家也担心会让家人失望，更糟的是，她害怕让自己失望。家人希望她的生活能更有保障，而艺术却是不可靠的。艺术家渴望用艺术来支持自己，又担心家人是正确的——她永远都不会成功。她在脑海里对"自己是否要尝试一下"，反复思量了千万遍。但创造的渴望是那么强烈，她偷偷溜出家门去创造艺术品。她刻出来的所有动物都有非常长的腿，足底印有一只黑羊。长腿象征着你可以排除困难，而黑羊是一个标志，提醒你，哪怕和你的"部族"相处不融洽，你永远会找到一条让你遵循内心并获得成功的道路。**遵循内心，你找到了自己更深刻的一面**。艺术家将她的焦虑搁置一旁，听从内心的呼唤，最终成为一位备受欢迎的雕刻家。

通过保持神经系统健康的自我关爱运动、思维训练和对"思想是无限"的认识，当焦虑阻挡你走向想要抵达的地方时，你就会有所察觉。在形成某些自我关爱的习惯后，如果你的思想将你拉回以前的忧虑里，不要感到失望。如果这种事情发生了，就不断地进行之前的自我关爱练习。

如果你察觉到自己的思想再次出现问题，试着给它起个名字。你可以称它为"焦灼的内心"或"疯狂的想法"或其他任何你喜欢的名字。如果在作出"噢，糟糕的事情真的来了"的反应、让你的焦虑飙到极高的程度之前，你给内心的骚乱起了名字，你将能够更好地控制你的反应。如果你给焦虑起了一些有趣的名字，如"我们要去见那个巫师"，就能立刻改变你的状态，最终平息你的焦虑，因为你已经在焦虑和反应之间留了一些空白，给自己留出了找到新的应对方式的时间。

生成性对话

花时间来休息，在自我关爱中恢复能量，感觉自己在有活力地享受当下，这是非常重要的。当你和他人合作时，它们的作用会更加明显。在交谈中，和他人建立关联可以激活人与人之间的能量，刺激想法、感受、意识和舒适感的产生。对话是生成性的，即这是共享对话，能刺激更多创新的可能性。朋友经常为我们提供新的想法，朋友对我们的身心健康非常重要。

和他人交谈是自我关爱的另一种形式，因为它加深了彼此间的了解、关联和认识，促进我们对自己和他人的接纳与反思，使我们可以敞开心胸迎接各种可能性。最重要的是，带着好奇去倾听，检验那些建议是否符合你实现美好未来的积极行动。当你和他人的交谈可以产生新的可能性时，你就会感觉备受鼓舞。

◢ 箴言

通过保持神经系统健康的自我关爱练习来平息焦虑，你就能享受当下。

花时间来关爱自己，你能拥有深刻的体验，接纳自我，而这些将成为你在困难时期的精神支柱。在下一章里，我们将继续讨论你将如何保持最佳的内在状态，如何使用一把奇妙的钥匙来调整你的思想、身体和心灵。

PART

点燃你的生命

第八章

全脑同步运作让你远离焦虑

人们估量肩上担子的重量有时重于担子本身。

——乔治·萧伯纳（George Bernard Shaw）

在前三章中，你已经学会如何在极短的时间里重新调整你的大脑，打破习惯性的消极思维模式。在第四和第五章里，你学会运用神经链将某种心理状态和行为模式连接在一起。在第六和第七章中你学会再次用神经模式化的方法，打开或关闭情绪回路，加强思维的弹性。

现在，你该如何保持这些进步，避免在未来重演焦虑的悲剧？如何才能形成对大脑的控制力——这不仅意味着你要缓解焦虑的症状，还意味着你要达到可以提升创造力、存在感和愉悦感的最佳状态。方法就是做到大脑机能同步。

自然界的"同步"

每个运动体都会有一个节奏，当两个及以上有节奏的对象或实体凑在一块时，节奏最终会合在一起。同一个房间里的两个落地钟的摆锤，迟早会在同一个时间点向同一个方向摆动；桌子上嘀嗒作响的节拍器，最终会同时响动。蟋蟀的鸣叫凑在一起像一首大合唱；一群鱼在非常协调地游动；成群的细菌就像一个单一的有机体在移动；鸟儿在列队飞行。当两个起搏细胞紧密排在一起，它们会开始同步运动。士兵齐步走过一座桥梁，可能会引发共振，导致桥梁垮塌。夫妻在相处过程中，会不自觉地模仿对方；母亲和孩子会互相模仿对方的姿势和声音。

全脑同步运作状态的历史

20 世纪 60 年代，美国加利福尼亚大学心理生理学家乔·卡米亚（Joe Kamiya）发现，α 波不仅会产生让你舒适美妙的感觉，甚至会让你产生超越体验（transcendent experience）。他利用生物反馈系统来训练学生激发更多的 α 波。理查德·巴赫（Richard Bach）是早期参与训练的学生，他的训练在一个备受欢迎的英雄历险故事中达到顶峰，这个故事讲述了一只渴望飞翔的海鸥，最终实现了自己的梦想，这便是《海鸥乔纳森》（*Jonathan Livingston Seagull*）。随后，普林斯顿大学生物反馈中心主任、研究员莱斯·斐米（Les Fehmi）发现，当大脑的一处或多处区域同步运作时，信息就能更广泛地进行交流，使你有更好的感知、更加清晰的思路、更少的焦虑。甚至细小的身体疼痛也会有所缓解，发生的频率有所降低。

斐米发现，随着我们的成长，我们会变得越来越依赖 β 波状态。β 波频率在 12～35 赫兹之间，作用是完成认知任务，反映压力状况。美国的文化信念是，你付出越多的努力去强迫某些事情发生，你越能获得成功。但如果我们依赖的是 α 波，成功就来得更容易些。

卡米亚的生物反馈方法至少需要花费 20 分钟，所以斐米打算寻找另一种更快捷的方法来训练学生进入 α 波状态。这是一个挑战，因为这种脑波并不回应我们的需求。他发现，最后的答案竟是这样：为了增加 α 波，不能哭泣；相反，要学会放下。西方人不习惯放下，清空思想，进入安静状态。我们说一堆话，有太多的要求，生活在混乱里。在某种程度上，这种环境促使我们待在 β 波状态里，因为它产生焦虑和压力。然而，东方传统可以促进 α 波的释放。日语的一个概念"間（ma）"，意为虚空或空白，反映在房子和花园简洁的空间与线条上。杂乱的空间会导致 β 波的增多和压力的产生；简洁的线条和空间会让心境平静。佛教传统引导冥想者将注意力集中在曼陀罗（代表宇宙的圆形图）的空间里，这种对"虚无"的专注会让我们的中枢神经系统镇静。将注意力集中在"虚无"上，让大脑充满频率同步的 α 波，重设神经网络，大脑就会平静下来，焦虑逐渐消散，最终会形成更加灵活的加工过程，产生轻松舒适感和创新感。美国发展研究所（Evolving Institute）联合主任安妮·怀斯（Anna Wise）和英国生物反馈研究者 C. 麦斯威尔·卡德（C. Maxwell Cade）通过对资深冥想者的观察发现，这些冥想者会产生某种脑波模式，卡德称之为"觉醒的心灵（awakend mind）"——是全脑同步状态的另一种术语。这份平静让这些冥想者不仅在练习中完全消除了焦虑，还影响了他们在日常生活中的活动、行为和反应。怀斯将这种觉醒的状态定义为"在你所想的时刻处在你所期待的状态，知道在那种状态下做些什么，并能够完成它们"。

怀斯决定教学生利用卡德的生物反馈仪器"心镜（mind mirror）"来复制冥想者的心理状态。她和卡德将精力集中在增加 α 波频率进而平衡其他脑波频率上。他们发现，几乎每个人都能形成觉醒状态，消除焦虑。

在卡德的那个时代，科技水平只能测量到 30 赫兹左右的脑波，并将这个度量标记为觉醒心灵的状态。之后，脑电图测量设备变得非常精细复杂，测出了一种频率比 β 波更高的脑波，称为 γ 波。研究者还发现，全脑同步状态能大量激发这种脑波。最近，对藏传佛教僧侣和天主教修女进行的研究表明，在观想慈悲或默想同情的时候，他们能够形成全脑同步运作的状态——α 波同步和 γ 波爆发。资深冥想者的左前额叶活动变得异常活跃，而杏仁核的活动则减少，寻找潜在威胁的大脑"雷达"活性减弱。这种模式与自我调节、快乐和同情心息息相关。结果显示，定期进行冥想，尤其是所谓的"慈悲静坐"，可以促进 α 波频率同步，进一步推动大脑进入同步运作状态。

→ 现在就来试试吧

以放松的姿势坐下，闭上双眼。专注感受你被赋予的爱和怜悯。体验空间是如何贯穿每个物体。房间里的空间，整座房屋里的空间，房屋四周的空间，它们一直都存在。专注于空间，你开始进入全脑同步运作状态。

身体里的每个原子基本上都是一个空间。身体里的每个区域都包含着空间。将注意力集中在你手指之间的空间，然后转移到脚趾之间的空间。再进一步，将注意力放在胃部、胸部、手臂、腿和背部的想象空间里，然后转移到你心脏四周的想象空间里。当内心的烦乱平息，你就知道已经转换了脑波状态，你的心态已经平静。你可能会注意到，在这个练习里，焦虑思维一次都没有出现过。

全脑同步运作状态，使你对自我有了更深的理解和更好的控制。这种状态培养了你避开生活压力，并从压力中恢复活力的能力。在这种状态下，你很容易获得信息，形成敏锐的洞察力。你清楚你的需求、弱点、渴望和追求，但它们不能控制你。在全脑同步运作状态里，焦虑、反刍思维或其他负面情绪毫无立锥之地。相比其他一般状态，这种状态让你的思维更加灵活，条理更加清晰。事实上，让生活无忧的秘诀是，练习进入全脑同步运作状态。

若要抵达这种状态，你需要让你大脑中的 α 波频率同步。

如何让你的全脑 α 波频率同步

    大脑的某些区域在同步运作，那就是说，两个半脑的血流量是相等的。在这种情况下，我们就会情绪稳定，解决复杂问题的能力获得提升，理解和认知能力变得更强，并能采取恰当的措施。然而，焦虑往往会阻碍脑半球之间的同步运作。它会将大脑拖进"心理泥潭"里，导致左右脑无法协调分工，无法让你产生轻松感。而且，它还会妨碍大脑加工信息的能力，继而影响你解决问题的能力。当大脑试图在焦虑状态里寻找解决方案时，就像是车子陷在泥坑了一样，只能是一筹莫展，无能为力。而且，大脑处于不平衡的状态，左右半脑不能友好沟通，还会对你的身体健康造成危害。英国和俄罗斯的最新研究表明，身体的生理系统和脑波频率是同步的。大脑做出调整来保持最稳定的状态，身体则通过改变大脑的信息输出对来自各个系统的信息流做出回应。例如，如果大脑接收了来自心脏的不正确信息，就会做出补救，增加 β 波，发出信号来刺激血压升高。良好的脑波同步说明大脑和整个身体之间的沟通进行得非常不错。

    除了消除焦虑，脑波同步的另一个好处是，它往往会通过刺激血液循环来延缓衰老的过程。心理学研究者詹姆斯·哈特（James Hardt）提出，全脑同步会延缓衰老过程。当两个脑半球平衡，你就不会感觉到有忧虑，这对你的睡眠是大有益处的。英国研究者格雷厄姆（Graham）和埃琳娜·尤因（Elena Ewing）发现，δ 波和 θ 波在晚上越占主导地位，就越会激发生理性再生（physiological regeneration）和维持健康的过程。詹姆斯·哈特发现，在延缓衰老过程中，α 波至关重要。当 α 波开始消失，那便是宣告死亡即将到来。当你处在最佳的大脑状态，你在工作、运动和艺术上的表现就会非常完美。

最后，对被焦虑折磨得心力交瘁的人来说，最重要的是练习进入全脑同步状态，使神经系统正常化，这样就能随意地提高或降低对重要事务的关注度，而不是陷入长期高度警觉或紧急的状态里。灵活地运用注意力，可以不被困在某种大脑状态里。**进入最佳的大脑状态，就是找到最好的自己。**让焦虑远离，你就能进入"心流"状态，每天的生活就会变得轻松舒适。

如何才能进入全脑同步状态，尤其是做到 α 波频率同步？

你应该将注意力集中在"缺席"的东西而不是"在席"的东西上。

走进 α 波

如前所述，莱斯·斐米发现，将注意力集中在外在空间（如手指之间的空间、身体周围的空间或画框里的空间）而不太关注物体本身，能让学生的脑血流平衡、α 波频率同步。这是因为，当你关注"虚无"的时候，你的大脑就不会"讲故事"。没有故事，你就没有判断，就没有压力、焦虑和沮丧，而只会享受快乐。

你可以运用三种专注空间的冥想方法来促进 α 波频率同步。为了不让自己感到枯燥，请反复依次地练习这三种方法，或者选择其中你喜欢的那种方法来进行练习。

练习 1

1. 闭上眼睛，将注意力集中在一个空杯子中的空间里，持续 1 分钟的时间。

2. 将单词"白色"想象成一个画面，投射在你的"精神屏幕"上，然后想象单词"黑色"。将注意力集中在两个单词之间的空间里。

3. 将注意力集中在你两道眉毛之间的空间里，持续 1 分钟的时间。

4.将注意力集中在双耳之间、穿过头部的想象空间里。

现在试着想一些让你焦虑的事情。你能做到吗？绝不可能。当你将注意力集中在空间上时，是绝不会产生其他想法的。

每天花3~5分钟来练习这四个步骤。哪怕是每天花一点点的时间来将注意力集中在虚无的空间上，也会让你的大脑进入同步运作的状态。在进入这种状态的整个期间，你都不会产生焦虑。通过专注空间的练习，你能够及时做出调整，关闭焦虑思维。在第一周里，留意你的感觉。之后要一直坚持练习。你在不断调整大脑，使神经系统镇静，这样你就能进入更高的意识状态，包括能对自己的呼吸、身体张力和焦虑情绪有更好的控制力。

练习2

发现自己的注意力范围变得狭隘，集中在一个问题上，那么收回你的注意力，将问题想象成一个画面，让它浮现在你的眼前。留意问题周围的空间。现在，扩大注意力的范围，将视线拉远，问题画面就会变得越来越小，而问题周围的空间就会越来越大。现在只将注意力集中在空间里，想象自己和所有的星球一起飘浮在这个空间里。你将会发现，你比浮在空间里的问题要多得多。你就是无处不在的空间本身。

练习3

早晨刚起床或在下午吃饭之前，是进行这项练习的最佳时间。开始前，你先以舒适的姿势坐在椅子里，阅读以下说明。

将你的双脚平放在地板上，让自己感到舒适。轻轻地呼吸，每呼一口气，就让自己的舒适感加深一点。开始留意头部和身体的舒适感。将注意力集中在双眼间的空间，以及双耳之间、穿过头部的想象空间中；往下移到脖子处，想象喉咙里的空间；现在再移到胸口和心脏四周，想象心脏撞击的画面，感受心脏撞击在空间里的能量。想象你右手手指之间的空间，然后想象左手的。将注意力移到你的背部，想象脊椎处的空间。然后一路向下，将注意力移到你的臀部。

现在，将你的注意力移到背部正在感受的舒适感上，想象背部内部和周围的空间。随着你继续放松，注意力移向骨盆里的空间，再进入腿的空间，然后向下抵达你的脚部。想象右脚脚趾之间的空间，之后想象左脚的。

　　将你的注意力移出身体，集中在身体周围的空间里。将注意力集中在墙壁围成的空间里。想象房子上方的空间。想象自己将注意力集中在地球和月球之间的空间里，然后是月球和火星之间。接着是整个银河系的空间。之后，和你的注意力待在一起片刻。

　　现在，注意力开始慢慢地往回走，从银河系到月球与火星之间的空间，回到地球和月球之间的空间，房子上方的空间。注意力回到你正坐着的房子内部的空间，然后是你身体周围的空间。

　　现在重新感受你的身体。感受你的背部靠在椅子上，双脚平放在地板上。做好准备，将注意力拉回当下的时间和地点上，然后花时间来做调整。

　　自由地选择自己的冥想方式，将注意力集中在空间里。如果每天练习两次，花费几周时间，你得到的效果将会是最佳的。你的压力会迅速消失。坚持练习，你的直觉会不断加强，人际关系会得到提升，身体愈合能力也会不断增强，而你每天都能以最佳的状态工作和生活。

甩掉焦虑

当我们承受强烈的压力、恐惧或愤怒时，我们的肌肉就会收缩，神经系统活动会变得活跃，伴随着去甲肾上腺素、皮质醇和肾上腺素的释放，身体变得紧绷和僵硬。如果你的身体抑制着某些压力，肌肉就会出现轻微的活动，你可能会有刺痛感、出汗、情绪化或者忽然产生消极的思想。这是正常的。当我们平静下来，我们的身体通常会颤抖和摇晃，因为我们正在宣泄被抑制的压力和情绪。让它们就这样吧。因为身体正在重新调整自己，释放那些你已经背负很长时间的压力。如果这些发生的次数太多或者已经干扰了你，那就暂停一会儿，之后再重新开始。大多数人对关注的事情作出的只是温和的回应，有的甚至没有回应。

让身体自然摆动是很重要的，因为严重的压力会关闭大脑的布罗卡氏区（Broca's area），而这个区域决定着你的言语能力。当你试图表达对一件事情的焦虑感受，却没有表达能力，这种感觉是非常糟糕的。等到你平静下来，试着先和自己分享，随后再和朋友分享。在这之前，身体的摆动就已经结束了。如果你干预身体摆动，深刻的恐惧依旧会留在你的无意识里，可能还会通过不安的情绪表达出来。清除紧张

如何停止胡思乱想

和压力，让你的反应更有弹性，可以让你恢复活力，宣示与生俱来的确定自我价值的权利，拥有快乐的生活。

当你学会如何控制你的大脑时，你在日常生活里就会更有力量。

恢复力

练习进入全脑同步运作状态让你受益良多，其中之一便是恢复力。恢复力是你从挫败中振作起来的能力，包括重新调整神经系统，不让自己感到极度焦虑。拥有恢复力可以让大脑更加灵活地转变状态，这样的话，我们更有能力来应对日常压力。

接下来的建议，听起来似乎很古怪。当你不想再为某些事件而担忧时，那么就玩一下俄罗斯方块或视频游戏，让它们转移你的注意力。这些游戏可以抑制你要回顾已经发生的压力事件的冲动。在需要高度专注的游戏中，视觉系统的运用会打断大脑想要"温习"负面事件的念头。

全脑同步运作和你的潜能

如果你是一个焦虑者，除非你对自己的思维进行了训练，否则一个压力事件会让你陷入焦虑的循环怪圈，一直备受折磨。练习进入全脑同步运作状态，将会重新调整你应对心理压力的方法。遭遇压力事件时，如果你能保持低唤醒水平，那么大脑会把与之相关的记忆储存在你的"精神衣橱"中一个带有中性色彩的漂亮盒子里。没有相关的强烈冲击，这些记忆不会"破盒而出"，让你在遭遇下一个负面事件时触发焦虑。你越少接触这些负能量记忆，就越不会出现过度反应，就越会平静地走过人生风雨。在低唤醒水平的状态里，储存的记忆会被加工，被嵌入到过去里，不带有相关痕迹。你的专注将更多地运用到其他方面。当大脑机能协调运作，你的心理会更加稳定，情感会更加成熟。

全脑同步运作在现实世界中是如何运作的

将注意力集中于空间里的做法，确实能够迅速见效，但要让效果持久，必须经过一定的练习。学会快速地转移注

如何停止胡思乱想

意力，你就能自由地转变休息状态，处理好压力事件。当你将关注的范围适当地扩大或缩小，你就能消除那些将你压垮的日常压力。你越能让神经处于同步状态，你就会越快乐，越有意识采取创新的方式来处理问题。全脑同步运作也是如此，它会让你运用创新思维来迎接挑战。当你处在全脑同步运作和 α 波频率统一的状态时，即使暂时不知道该怎样解决难题，你仍然会对找出办法充满信心。因为全脑同步状态让你有最佳表现，让你超越条件反射（conditioned response），在思路更加清晰、组织能力和直觉能力更强的情况下，你就能看到"大图像"。

全脑同步运作状态——你的观点和解决问题的能力会帮助你抵达这种状态——曾拯救了一个客户的生命。

当琼找到我们的时候，她几乎快被焦虑压垮。她嫁给的那个男人在情感上虐待她。不说别的，他跟她玩心理竞技，在竞技里指责她，然后拒绝任何她要他面对问题的努力。有时，她回到家里会看到本来放在固定地方的物体（如挂在墙上的画）被移动了位置。这些秘密进行又不能被完全证实的行为，让琼处在持续的焦虑和恐惧里。她的丈夫为一个私家侦探工作，知道如何通过窃听电话和进行秘密行动来收集信息。琼认定，他一定窃听了她的电话。经过多年的"煤气灯效应"①心理虐待，她相信自己的心理出现了问题。她鼓起勇气，离开了那个男人。

　　琼一直无法安然入睡，被持续的焦虑折磨得筋疲力尽。她花费四个星期的时间，采用这本书提供的几个方法进行练习，感到心态平静了，可以入睡了。她感觉这种力量在慢慢地拯救自己。她搬进了一个封闭小区，这样她的丈夫不能再来骚扰她。在那里，她遇到了一个男子，他经营着一家安保公司。他教给琼一些保护措施，阻止她的丈夫侵犯她的隐私。和琼在一起的时候，我们发现她变得意志坚强、观点清晰，她对自己有了更多的信心，感觉自己很强大，并制订了一个让生活更加快乐的计划。最后，她和丈夫离婚了，开始了新的生活。

　　我们运用之前的练习帮助她平息焦虑，她走出了被恐惧和焦虑冻结的状态，采取了行动，通过练习进入全脑同步运作状态，继而拯救了自己。接受这种心理训练之后不久，

---

　　①　出自英格丽·褒曼的老电影《煤气灯下》（*Gaslight*）。男主角通过操纵煤气灯光来控制环境的变化，当女主角反映情况，他坚持那只是她看到的幻觉。因为女主角无法做出准确的解释，男主角又显得非常自信，于是女主角怀疑自己，最终心理崩溃。使用这种方式使某人陷入精神痛苦的心理虐待称为煤气灯效应。

　　　　　　　　　如何停止胡思乱想

她的前夫给她打来了电话，询问他们女儿的情况。在过去，她会很恐惧，仿佛被冻住一样无法动弹。但这一次，她告诉他，他需要自己打电话给女儿。当他用语言攻击她的时候，她明确彼此的界限，果断地挂掉了他的电话。

生理状态会影响你的心理状态，就像促进 α 波频率同步时，会出现其他一些积极的变化。你拥抱你的情感，在你、你的力量和真相之间建立了紧密联系，完全不惧怕了解自我。你看到了那么多的可能性，也看到一个乐观的未来展现在面前。**和自我及自己的处境在一起时，你感到平衡和安静。** 你可以很快就从压力中恢复过来，积极找出解决的方案。

调整你的思想状态和思想内容

你的目的应该是训练你的注意力，调整你的思想状态和特定的思想内容。如前所说，脑波模式可以反映你的内在状态，而你的情绪、观点和态度构建了你的思想。通过平静心绪来改变脑波内容，从 β 波状态（通常让人焦虑）转变为 α 波和 θ 波状态——意象、白日梦、情感或其他更多的感悟经常出现在这种状态里，这样就会打开通向无意识和创造力的大门。你处在 α 波状态的时间越多，通过回想你的经历或形象，重新返回 β 波状态就越难，但这时的 β 波状态更加稳定了。

α 波频率同步和思路清晰大有关系。科技和基础设施为我们提供了硬件，帮助我们建立和谐的关系，更持久地生活在和平和幸福中。现在，我们需要学习的是，什么才是适合我们思维和心理状态的"软件"。在我们的诊所里，当我们将一些生物反馈系统用在情侣身上时，他们的 α 波频率形成了同步，他们感觉彼此像第一次在一起时那样亲密。**和你的伴侣共同进行任何一项这样的练习，你们两个就能进入相似的状态，随着时间的流逝，两人的关系会更加紧密，不再那么紧张。**

当组员、父母、孩子或其他人试图解决矛盾时，让他们共享令人平静的 α 波状态，往往会促进彼此之间的理解。当两个人共享 α 波，所有感觉对方有威胁的想法会烟消云散，清晰的思路代替了焦虑和恐惧。

进入全脑同步运作状态的练习或其他让你抵达这种状态的训练，都能让你变得成熟，使你的心理变得健康起来。这种状态能够让你治愈过去的伤痛，满足你往昔的渴望，弥补你的任何缺憾，将焦虑甩在一边，让你保持更好的意识状态。

然而，一旦你能够在越来越长的时间里进入自我超越（self-transcendence）的状态，维持深层次的精神状态，你将消除混乱的思想，避免情感冲突，思路变得清晰，收获智慧、恢复力和幸福感，进而拥有一个更加快乐的生活。

练习之后，将注意力集中在空间里，让自己徜徉在这个令人愉悦的活动中。让自己全身心地投入一项活动里，不管是音乐、工作或练习，这能延长你处在全脑同步状态的时间。有些转变会让你更强烈地感觉自己活在当下，这样的话，你的生活看上去会丰富得多。你开始关注每个人和每个事物之间是如何相互关联的，你的意识状态扩大了。你对此时此刻有了知觉。你意识到是自己创造了每一天的感知，你就这样掌握了自己的生活。

目前，研究人员正在研究更高层次的意识状态，探索改变精神状态如何让我们在工作和生活中趋向最佳状态。那些似乎拥有某种"超能力"的长期冥想者、僧侣和神秘主义者的状态，值得我们研究。最佳状态让运动员、艺术家和企业家创造了某种超级思维。他们进入了变革性的意识状态，通常会拥有超自然的经验，这些经验似乎已经打破了现有的可能模式。更高层次的精神状态，使拥有高级思想、身体实践者超越了线性时间，进入一种连自我界限都会消失的统一状态。通过集中注意力，将自己的状态提升，你的思想成熟了、觉醒了，于是迈向美好的未来。

▲ 箴言：

将注意力集中在虚无的空间里，可以创造全脑同步运作状态，最终找到解决问题的方法。

如何停止胡思乱想

第九章

从心流到超级思维

你可以学着开启心流状态，来改变你的日常生活。
——赫伯特·本森（Herbert Benson），《突破原则》(*The Breakout Principle*)

乔安娜是一位出色的小提琴家。很小的时候，她就开始学习拉小提琴。她热爱它，每天会练习数小时，但随着时间的流逝，她的手和手腕开始疼痛。老师告诉她，她太过于努力，压力影响了她拉弓的方式，导致了痉挛和腕管综合征①。但乔安娜有老师不知道的秘密。她不是因为太过努力而有压力。她有遗传神经疾病，这种疾病会引发颤抖，拉弓时她的手才会抖动。她的压力正来源于此。她用尽力气来控制颤抖。她担心颤抖会让她的手承受额外的张力，进而影响到在比赛中的表现。她害怕它会毁掉自己的事业，哪怕它的影响已经开始显现了。乔安娜找到了比尔。比尔说临床催眠可能会对她有所帮助。

　　比尔引导乔安娜在拉小提琴时让自己进入**神离状态**（trance）。当她在这种警觉又放松的专注状态里演奏时，熟悉的颤抖就消失，她即进入"心流"状态，全身心地投入音乐里，完全忘记了时间和外在的世界。催眠疗法使她没有压力地练习，她越来越擅长在恰当的时候进入神离状态，在专业演出时也能复制这种放松状态。在神离状态中，她专

----

　　① 腕管综合征（Carpal Tunnel Syndrome），手腕长期受力压迫神经引起手和手指疼痛。

注于自己所热爱和可以控制的东西，而不担忧专业人士或观众怎么看待她。她知道，当犯下错误的时候，她有能力掩饰过去，不会停留在错误上面。乔安娜巧妙地让自己进入这种状态，以至于除了她的母亲和比尔之外，没有人知道她做的这些。只有受过训练的医生，才能看出一些迹象：瞳孔的轻微扩张、注意力的放松、肌肉张力的缺乏，以及极度的专注。

随后，比尔教乔安娜如何快速地将她的注意力在音乐和观众之间来回转换，用她富有感染力的表演吸引观众。用这种个性化的方式来和观众进行交流，让彼此能亲密地分享这种体验，就进入了群体性的心流状态。她获得了专业人士的赞扬，并和一些国际闻名的音乐家合作演出。她学会控制自己的大脑，在演奏时消除恐惧——尽管神离状态一旦消失，恐惧就回来了——她的事业蒸蒸日上。

乔安娜不仅恢复了自信，而且找回了她对小提琴的热爱，那是促使她成为小提琴家的最初原因。你可能会说，是心流状态给了她支持，给了她魔力。但你要知道，心流可以为我们每一个人服务。

艾伦·沃特金斯（Alan Watkins）[1]认为，"凝聚（coherence）"是精英表演者所谓的心流状态的生物性基础。心流这个词由米哈里·契克森米哈创造，用来描述我们全身心投入一项活动，或我们高度警觉且将专注范围缩小时的状态，在那个时刻，时间似乎消失了。有人可能将之称为"进入巅峰状态（in the zone）""跑步者的愉悦感（runner's high）"或武术中的"无思（no mind）"。它是我们埋头看一本精彩纷呈的书，抬头时发现3个小时已经悄然飞逝的状态；是我们进行一项非常有趣的任务，精神高度集中的时候，自然进入的那种状态；是我们全身心享受一项活动时的超然状态。《活出最乐观的自己》（Learned Optimism）和《真实的幸福》（Authentic Happiness）的作者马丁·塞利格曼（Martin Seligman）也称，心流是最积极的情感。

心流有九种特征：

1. 你感觉自己发挥了最佳水平，既不会费尽力气，也不会太有难度。

2. 你全神贯注地投入一项活动中，不对自己进行判断。

---

① 艾伦·沃特金斯，内科医生、神经科学家，英国完全凝聚研究所（Complete Coherence Institute）负责人。

3. 有清楚的目标。

4. 你获得身体／思想的回馈，即清楚你的成功或失败，这样你才能做出调整。

5. 你必须专心致志。

6. 你拥有主控感。

7. 自我意识的消解。

8. 主观时间感的改变。

9. 行动本身即是目的，也就是说，行动就是内在享受。

如今，人们认为心流是从微观流动状态（在这种状态里，你全身心地投入一项活动，忘记时间的流逝）持续发展成更加强烈的流动状态（你难以将自己从这项活动中抽身出来，你对现实的感觉发生了改变）。在一天里，我们可以很多次进入心流状态。每当我们将注意力范围缩小，全身心投入我们正在做的事情上，我们就会失去时间感。然而，心流和我们的生物超日节律有相关性：在90~120分钟的周期里，我们的认知经历了涌现和消退的过程。周期里的冲突和流动就是心流活动的时间，而释放和恢复期则代表心流状态的中断。大脑高度专注的时间为50分钟左右，之后我们进入"停止期"，在那里我们就会自动进入迷糊状态或出神状态。在这个阶段，我们通常会凝视空间，于是我们的心绪开始游离，困顿和神思模糊逐渐"占据了领地"。在这种时候，我们至少需要休息 20 分钟，完全改变我们的"情绪频道"，将注意力集中在新的事物上，或者散散步休息一下。当我们尝试迫使自己越过"恢复状态"，我们会给自己带来压力，之后就很难回到心流状态。

心流为什么有这么多好处

最近，我们在苏格兰进行了一项实验，通过"蹦极跳"（Bungee Bounce）的运动进入心流状态。

首先，将连接到橡胶管上的胸绳套和腿绳套钩在 50 英尺高的高台上，将我们安全地捆住。然后，将自己扔向空中，落在地上的橡胶垫后再反弹向空中，反弹得很高，而且越来越高。这个只持续 3 分钟的体验让人极其兴奋。我们忘记了时间，和运动融为一体。之后，我们会产生非常美妙的感觉，大脑内的化学物质使我们感觉兴奋。这个时候，不管怎么尝试，焦虑、愤怒或恐惧的情绪都不会被唤起。这种刺激运动让我们挣脱引力的物理限制，让我们精力充沛，还使我们的情感变得更轻盈。在一个半小时里，我们自信满满，没有任何忧虑。随着这种感觉逐渐消退，这次活动变成了丰富的记忆，供我们在未来自由撷取。它很像心流基因组计划（Flow Genome Project）中的很多活动。在这些活动中，组织者们和大家一起站在健身球上或者其他可以将他们倒过来的设备上进行练习。他们花费较短的时间就能进入心流状态。

契克森米哈博士研究了那些因为心流而获得成功和荣誉的人们——运动员、艺术家、舞蹈家、电脑玩家、攀岩者或其他人，结果发现，越是享受这种巅峰状态或心流状态的人，越不会出现焦虑。他们不害怕迎接富有挑战的事件，对未知也毫无畏惧。契克森米哈博士发现，当运动变得更具有挑战性或危险性的时候，心流状态的持续时间往往会变得更加持久。他们有强烈的满足感，能很好地解决问题。

他的心流研究显示，一项可以引发心流状态的运动，既要有挑战性，但又不能太难，否则会引起我们的焦虑。相反，如果运动的难度太低，我们就会感觉到无聊。只有当我们的技能与挑战难度刚好相等时，才能进入心流的喜悦状态。（见图3）

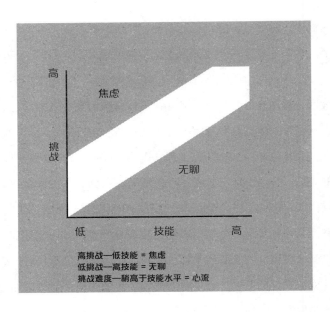

图 3 心流状态

这和我们研究焦虑的影响有什么关系？多年以来，我们在诊所里对运动员和顶尖表演者的认知状态进行了研究，证实了契克森米哈博士的一些其他发现：人们处在心流状态时，不可能唤起焦虑、不够坚定的动机或侵略性的思想。

我们发现，心流对消除焦虑有重要作用。它还可以让你保持理想状态，刺激身体和精神上的愈合过程。你越经常进入心流状态，你越能朝气蓬勃地生活。如契克森米哈

如何停止胡思乱想

博士研究的那样，发挥最佳水平的人通常不会遭受焦虑的困扰，消除焦虑的最佳途径就是试着将心流融入我们的日常生活里。

心流是如何阻挡焦虑的？

非常简单，你在全身心投入一项你喜欢的活动时，不可能产生焦虑情绪。当你从享受转变成心流状态，实际上已经改变了对周围世界的认知。事情没有看上去那么令人恐惧，挑战也没有那么令人气馁，因为心流取消了所有限制你信念的有条件的"心理方案"，向你敞开所有的可能性，让二分法无法成立。在心流过程中，大脑产生所有的脑波——α 波、β 波、θ 波、δ 波和 γ 波，而你的意识则会关闭所有的判断。α 波可以镇定你的神经系统；β 波让你进入警觉的放松状态，如打网球的状态；θ 波会阻断你内在的自我批评、犹豫不决或负面的思想。你甚至感觉不那么疼痛了，因为在那种状态里，大脑会释放天然的止痛药，自我感觉会暂时消失。你融入活动中，无法抽离。如果你在打棒球，你、投手和球是一体的。如果你是一位音乐家，你、乐器和音乐则无法分离。此外，心流还可以提升创造力。当你进入心流状态，大脑就在召集新的想法和有趣的办法来创造新的可能性。心流让你进入更高级的认知模式。实际上，乐队指挥会有意识地训练乐队进入心流状态，激发出更加优美的声音，使表达方式更加灵活。

当然，这并不是说只有艺术家、作家、音乐家和宗教领袖才能拥有心流状态。一项对建筑系和商科学生的研究表明，**心流会增强内在动机和自我决定**。麦肯锡公司的一项长达十年的研究发现，在心流状态中，主管们的工作效率增加了 5 倍之多，而职员们将团体作用发挥到了最大。融成一个整体的意识帮助成员放下自我，消除他们的担忧和恐惧。

有意引发心流状态是很重要的，因为心流会强化你打破坏习惯和实现非凡壮举的意志力。当你要有所突破，进入到另一个生活阶段时，心流通常像助推器一样，推你一把，让你的愿望得以实现。

在心流状态里，你可能会完成一些真正了不起的事情。例如，在《超人的崛起：解码人类极限的科学》（*The Rise of Superman: Decoding the Science of Ultimate Human Performance*）一书里，史蒂芬·科特勒（Steven Kotler）将一些极限运动的成就和个人成功归因于心流。比如，极限运动者菲利克斯·鲍姆加特纳（Felix Baumgartner）身穿特制宇航服，从太空边缘以超音速自由落体跳伞，最后安全着落。这个实验为宇航员们演示了一种疏散策略，如果宇宙飞船发射失败，他们可以采取这个策略进行疏散。神经生物反馈（neuro feedback）的好处是风险小、有效率；在工作上，企业高管利用这种方法来使自己达到巅峰状态。但你也可以通过简单的活动来进入心流状态，如运动、冥想或自我催眠。**心流使你思路清晰，可以平静地分离情绪。**在这种活动之后的数天里，心流会提升你的工作表现，增强解决问题的能力和创造力。原因是，这种状态在瞬息之间无意识地调整了我们解决问题的能力，而且当我们离开了这种状态之后，依旧受它的影响，能继续看清实现梦想的另外途径。当我们坚定认为自己做出了正确的决定，会提升自信，坚定自我信念，焦虑也随之消失。所以，尽可能进入心流状态吧，这对我们是大有裨益的。

如果你很容易被自我怀疑和别人的评判动摇，就会失去心流状态。好消息是，我们可以通过训练，让自己进入心流状态，像其他任何一种心理状态一样。

克服思想的局限性

加里是一名天才撑竿跳高运动员，依靠体育奖学金上了大学。他的哥哥也是一名撑竿跳高运动员，比他早四年获得成功，并给他立下了一个很好的榜样。哥哥的成就变成了加里的负担。他始终无法跳过某个高度。但是，他的教练觉得他可以做得更好，便推荐他去找比尔，利用催眠疗法来帮助他克服心理障碍。

在加里的"精神电影"里，比尔发现他一直无法超越自己以前的成就。在加里进入神离状态之后，比尔让他回顾他最喜欢的跳高。加里闭上双眼，开始微笑，无意识地用他的手做出撑竿的姿势。比尔让他回想在撑竿跳高中曾经获得的成功，是为了提醒他自己的能力有多棒。

最后，比尔说："当你站在跑道上，你并不知道前面的栏杆有多高，尽管你可以跳到那个高度。当你清掉那道栏杆，你就会有进步的空间。"比尔的建议帮助加里转移了"栏杆有多高"的想法，将精力集中在助跑、插竿、跳跃的自动活动上。只是想象自己获得成功就能让加里对实现下一个跳高目标充满信心。比尔提议，每次拿起竿的时候，加里就回忆这种感觉，要记住这种状态下的感觉。因此，加里在感觉竿在手里的时候创造了一种催眠触发器。

第二天，加里的教练给比尔打来电话，告诉他加里跳出了一个新高度，比以前高出了 6 英寸。之后，教练又来了电话，说比尔又比之前跳高了 6 英寸。

如何停止胡思乱想

通过转变态度，学会快速清除头脑中的质疑和忧虑，以及随意进入心流状态，加里发挥了最佳实力，进入了巅峰状态。

心流循环

美国哈佛大学的精神病学家赫伯特·本森发现，在进入心流状态的过程中，大脑会激活不同的脑波，他将之称为"突围（breakout）"。换句话说，要进入低 α 波和高 θ 波状态，你必须经过很多脑波阶段。

按照本森的意思，心流周期的**第一阶段是挣扎阶段**。每一个人在试着解决问题的时候，如想要在运动中有更好的表现，学会一首新的曲子，或是坐下来写本书，都要努力地挣扎。这种挣扎常常会引发焦虑。这个阶段会激发较高的 β 波频率，使大脑系统充满压力激素，如肾上腺素和去甲肾上腺素。我们的血管会收缩，心率和血压升高。这就是为什么在你试图解决问题的时候会出现"战斗或逃跑反应"。

第二阶段是释放阶段。在这个阶段，你开始放下压力，创造更多的 α 波频率。在这个与心智游移相似的过程中，你完全远离了一直困扰你的难题，将注意力转移到愉快的事情上，如在公园里散会儿步，或某些让你平静下来、将注意力从当前的挑战移开的事情。而且，一氧化氮会释放到大脑系统里，清除压力激素。

第三阶段是激发 θ 波和 γ 波阶段。这些脑波都会释放多巴胺和大麻酯，它们属于内源性大麻素"家族"，我们已经在第四章讨论过。它们帮助我们治愈自己，即使是通过安慰剂效应。因为当我们"相信"正在做的事情将会让我们感觉更好的时候，我们就会产生这些化学物质。在这个阶段，我们也会释放内啡肽，这种物质让我们产生愉悦感。正是在这个阶段，我们放弃了对我们表现的控制。

最后的**第四阶段为恢复阶段**。在这个阶段，大脑刺激 δ 波，释放血清素和催产素。血清素是一种神经传递素，通常会让你产生好心情。当你处在某种亲密关系中时大脑就会释放催产素。正是在第四阶段，我们进入了改良的"新常态"模式。**心流改变了思维和情绪模式，降低你对压力的反应程度，在你体内释放强大的治愈力量，这样你就不会再陷入旧有的焦虑中。**事实上，你也不会再成为过去的那个自己。（见图 4）

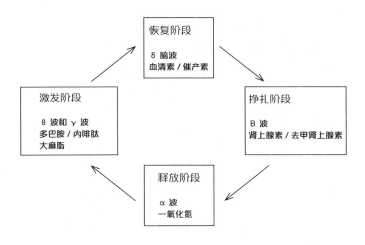

图 4　心流的四个阶段

如何激发心流状态

记住：处在焦虑中的人需要练习本书最早提供的一些方法，中断焦虑模式，才能进入心流状态。然后，他们需要重新寻找打破局限性思维的可能性。只有到了这个时候，才算做好进入心流状态的准备工作。你在训练你的意志力，重新调整自己，让自己处于积极状态，这样才能定期性地进入这种状态。问题是，我们该如何训练自己进入这种意识状态？

根据你对自己情绪的控制程度，很多活动，如慢跑、参观一座教堂、在大自然中进行冥想、祈祷或回忆曾经去过的一处美景，都可以引导你逐渐进入心流状态。你可以在几分钟的时间里不断重复一句"咒语"或某些词语；你可以让自己沉浸在愉悦的体验中，如在一处新奇又安静的地方游玩。你可以自主选择。将注意力集中在某种特殊的声音或视觉图像，尤其是艺术作品或建筑物，或是古典音乐上，都能刺激心流的开始。极限运动，如跑步、滑雪或高空跳伞，都可能会引起强烈的心流状态。相比之下，在合唱团唱歌或演奏某种乐器的风险较低，但它们要求你必须融进一个群体，这些活动同样可以让你进入强烈的心流状态。即使是阅读、解谜题或玩电脑游戏，也能激发心流。

具体在做些什么其实并不重要，只要这是一项让你愉快的、能够全身心投入的活动。你的表现越来越好，你的目标也应该随之提高，这样你就能继续挑战自己，且不让自己感到枯燥。话虽如此，你也不能给自己设立不切实际的目标。在能力范围里进行练习，你既能接受挑战，又不会受挫得让你产生放弃的念头。

催眠

比尔的几个焦虑客户通过催眠自己，获得平静，使自己的表现达到巅峰状态。为什么比尔会推荐催眠疗法？因为它会让你经历和心流类似的状态。当你处于一种神离状态，你就无法产生焦虑。

你一定有过这样的经历。看电影的时候，你忘记了时间的存在。在开车的时候，你可能入了神，一时间忘了自己身在何处。在催眠状态里，你的意识改变了，对现实的感知也随之发生转变。尽管这个领域的研究者和专家在"如何精确地定义这种神离状态"上意见不一致，却普遍认同催眠可以给我们带来：

1. 将注意力的范围从"宽泛"转变成"狭窄"，最后变成高度集中；

2. 运用记忆和想象；

3. 自觉行为变成自动行为。

所有的催眠都是自我催眠。治疗师催眠客户时，实际是客户将自己带入神离状态，不管是通过特殊的引导还是将注意力集中在墙上的一点上直到双眼疲倦，或者聆听一个故事。我们可以看到，那些表现出高水平的运动员、音乐家、表演家、企业家还有科学家身上也出现催眠状态的痕迹和行为。他们选择性地去熟悉所需的信息，以便更好地完成目标。他们清除不相关的刺激，忘记时间的流逝，发现让他们快乐的事情，即使这会让他们承受一定的体力和脑力劳动，然后进入心流状态或巅峰状态。神离状态和心流状态非常相似。

事实上，瑞典运动心理学家拉尔斯·埃里克·内斯塔尔（Lars-Eric Unestahl）也认为，催眠状态和运动员发挥最强实力时的状态很相似。他还创造了一个运动心理学概念"理想竞技状态（Ideal Performance State）"。当这些运动员高度专注自己的运动时，他们会忘记时间的存在，感觉不到疼痛，甚至感觉自己毫不费力。通常，你高度集中精神，想象你最完美的那次表现，这样才能进入巅峰状态，发挥最佳水平。通过回想以前的一次成功经历，回想到细节处，运动员或表演艺术家就可以进入最佳状态，重复之前的成功范例。

→ 现在就来试试吧

在进行这项练习之前，你需要阅读一遍以下的说明。你甚至需要录音，在回放时你就能闭上双眼，好好地享受整个过程。

坐在一张舒适的椅子上，将双脚平放在地上。将你的目光集中在墙上的一个点上，持续一段时间。一直凝视着，留意你呼吸的节奏是如何变得更加放松和舒适的。当你继续将注意力集中在那个点上，你的周边视觉消失了。现在，闭上你的双眼。回忆你最后一次全身心投入的运动，那个时候你处于心流状态。你可能在玩一个游戏，与众人合唱，或参加一项体育活动。详细地回忆那项运动。想象那种全神贯注的感觉此刻就发生在自己身上，以至于你忘了自我。你和这些经历融为一体。在这种状态下，不可能产生问题和焦虑。你完全沉浸在活动里，融入此刻。你体验着心流，它令人振奋不已。想象心流变得更加强烈，在现实中它就是如此。徘徊在对心流状态的回忆里，与这种体验同在，你想待多久都可以。当你想象这种体验发生在现实里，你就能切身感受到这种体验。这种感受，就像是一场真实的梦一般。

当你做好准备，就慢慢地唤回自己。做几个深呼吸，感觉到自己的脚平放在地上，背靠在椅子上，意识到此时你完全回到了当下。放松一段时间，然后再起身。

心流有助于解决问题

无意识可能是我们最宝贵的财富了。它是解决方案的设计者，是赚钱的想法，是艺术品和音乐作品的共同创造者，也是进入心流状态的推动器。

埃尔默·格林（Elmer Green）是备受推崇的生物反馈研究先驱，对高级心理状态也有研究。他发展了一种被他称为"询问无意识（interrogating the unconscious mind）"的过程。在放松状态里，他经常向他的无意识寻求数学题的答案。他发现，在这种状态里，自发产生的意象突然跳入他的脑海，帮助他制订解决方案。比如，令人惊讶的信息突然闪过脑海，帮助他解决了一个专家们百年来都没有解决的难题。他将这些发现发表在《科学》（*Science*）杂志上。格林相信，**当你处在心流状态时，就仿佛进入了一个包含宇宙所有知识和信息的宏大的"精神"图书馆里，你可以向你的无意识询问信息。**有个非常有趣的实验：如果你想在你的个人藏书中寻找一本书，就去坐在书堆中的一张椅子上，向你的无意识查问那本书的位置。不要给自己压力，放松，搜索自己的书架。然后，通常会发生这样的事情，你的眼角突然扫到了那个书名。

李·兹洛托夫（Lee Zlotoff）是20世纪80年代经典美剧《百

战天龙》（*MacGyver*）的制片人和编剧。他发现，当他需要激发创造力来快速完成剧本时，心流帮了大忙。主角马盖先（MacGyver）是一个主张非暴力手段的英雄，擅长利用简单的工具来解决问题，为人幽默而谦虚。连续剧结束后，这个人物依旧大受欢迎，热度有增无减，成为全球模仿的对象，模仿他"将所拥有的东西变成所需要的"。通过放松——散会儿步或洗个澡，将注意力从问题上移开，只关注此刻，他发现自己掌握了一个强有力的工具。从本质上来说，他进入了心流的第二阶段。他也会经常短暂地进入第三阶段，即激发 θ 波和 γ 波的阶段。几个小时后，创新想法就会浮现在他脑海，让他奋笔写出下一个剧本。他认识到他的无意识总能产生新想法，而他总能从储存大量信息的无意识中接收新的想法。他再一次证实，不管是哪个行业的人，都可以**从心流状态获得创新思维**。

在休息时间里"孵化"新想法

当你需要一个新的想法，或对某个创新性项目进行返工时，从工作中抽身出来，休息片刻，改变你所处的环境，这对你大有益处。走进大自然，听听音乐或做点运动，你就能改变你的意识。当你想要中断对一个问题的焦虑，你就会停止挣扎，进入到心流状态；在这种状态里，你的注意力范围会缩小。从本质上来说，无意识其实是"思想孵化器"，不断地加工信息，形成新的办法来解决那些一直侵占你意识的问题。然而，在"孵化期间"，无意识快速地形成新的想法，没有被无法想出新点子的担忧或恐惧所干扰。事实上，你根本不必担心你的无意识不能提供解决方案。关键是，你需要泡个澡或在公园散会儿步，让头脑平静下来，从而使自己跳出习惯性的思维模式。当你运用这个办法的时候，就能避开焦虑的干扰，就不会强迫性地想要某些事情发生。大脑会给你很多好的点子，让你顺利解决大部分的难题。

在过去十年里，出现了很多探索这个"思想孵化器"有助于解决问题的研究。结果普遍证实，**无意识的联想加工能够产生原动力，将迥然不同的想法、过去的体验以及各种关联性糅合在一起，形成新的想法**。人们经常利用有限的信息和判断，以及错误的方法来处理问题，这样会限制我们打破常规思维的能力。哪怕是在你专长的领域，也需要一段时间来认真研究，体验顺其自然。当你发现学过的或经历过的东西都被记录在无意识中，你就会开始感谢这个储存内在资源的"蓄水池"。它将所有你在意识状态里从未想到的想法收集起来。通过练习，你进入心流状态，同时也进入了全脑同步运作的状态，这样的话，焦虑就会慢慢消失。

无意识的指导作用

你可以解决任何问题，保持由以下练习激活的心流状态。

这个"孵化过程"的开端是让你的意识占领某些东西，但不要思考问题。向你的无意识问个问题，将它写下来。比方说，需要新的想法来完成一个创新项目，或引导我们做出决定。

花几个小时或一直等到第二天，看看你的脑海会跳出什么新鲜想法。

当时机合适的时候，向你的无意识寻求信息。你可能注意到，无意识这个"蓄水池"中某些新闻报道吸引了你的注意力；你也可能发现，原来你有一个令人陶醉的梦想。那些信息会以各种方式传递给你。

心流状态中的巅峰表现

杰弗里·范宁（Jeffrey Fannin）和乔·迪斯潘拉（Joe Dispenza）发现，工作室里的高级学员和他们一起进行"开放的专注（open focus）"训练时，也会进入相似的心流状态。这个训练使他们在冥想中将注意力集中在"空"上，然后创造全脑同步运作的状态。

克里斯托弗·伯格兰（Christopher Bergland）是一名科普作家，也是一名极限运动员。他研究人们在表现中的巅峰状态，确定了一种极端的心流状态，他称之为"超流（superfluidity）"。他相信，那是他在极限运动上获得突破性成绩的原因。这种状态是偶然发生的，很难进入。然而，你一旦进入这种状态，就会获得超强的能量，感觉和活动融为一体。只有在经过很多思维和体力训练之后，这种状态才会出现，所以，必须培养自己的控制能力。伯格兰思索，我们是否可以连接所有可用的资源。他指出，这种体验类似玛甘妮塔·拉斯奇（Marghanti Laski）在作品《世俗和宗教经验中的狂喜》（*Ecstasy in Secular and Religious Experiences*）中的描写，拉斯奇发现，大自然中的水、树、尘土、日出，哪怕是糟糕的天气，都能触发这种强烈的心流状态。我们越

如何停止胡思乱想

是置身于大自然的怀抱里，超流状态越会经常发生。

位于加利福尼亚州的美国心脏数理研究院（Institute of Heartmath）对心脑之间的关系深感兴趣，他们研究和测量了从心脏和脑向体外扩张的能量场。结果发现，这两个器官相互影响，能产生电磁能量场、电能量场和某些还不能确认的能量场，这些能量场贯穿人体的每个细胞。大脑的能量是巨大的，但心脏的磁能比大脑的磁能大了 500 到 5000 倍。这意味着，不仅仅是我们的身体沉浸在相互作用的能量场里，当我们靠近他人时，彼此间的能量场也在相互作用。这也就是说，当我们进入心流状态，你就是在邀请附近的人一起分享这种状态。当你通过进入心流状态来消除焦虑，你的人体能量场范围就会进一步扩大。科学研究发现，心流可能是通往更高级关联的桥梁，激发人类更高的能力。这是你控制自己的思想、身体的重要途径。

当你运用我们曾经讨论过的任何一种方法来练习进入心流状态时，你就是在拥抱一个没有遗憾的人生。在临床实践中，我们发现人们完全可以创造新的自我，不再受焦虑的困扰。当你花时间专注于发掘更好的自己，你就更有能力来实现你最期待的未来。这就是你人生的巅峰状态！

后 记

　　这本书致力于向你揭示，你的思维掌握着让你过上无忧生活的密码。因为不管身在何处，你都会与你的思维同在。改变外在条件很少能改变你的思维状态。学会如何抵达更加健康的心理状态，是保持身心平和的关键。

　　彻底改变你在这个世界上的经历，其最终目的是掌控生活。通过了解你的生理状态，控制你的注意力，改变呼吸状况，利用我们已经讨论过的改变大脑状态的方法进行练习，最终可以消解体内的紧张感，让自己进入全脑同步运作状态。当你保持身心平衡，进入心流状态，你将不会感到恐惧和焦虑。你将遵从内在的舒适和平静来行事，从而改变自己。你积极地影响了别人，影响了你的事务和你的精神。

　　通过练习，你不仅可以让自己的生活远离焦虑，还可以超越旧有的不惬意和逐渐衰退的状态，实现更有创造性、更有成效的生活。我们在本书中已经讨论过这个过程，它以神经系统科学为基础，并告诉你该如何将它付诸实践。学会中断焦虑思维，运用神经链建立新的关联，通过全新的理解和

"将神经再次模式化"的练习来调节新的大脑思维状态，进入全脑同步运作状态，最终触发心流，创造一个全新的自己。

　　是不是很兴奋？

　　接受我们的邀请吧，一起来创造没有焦虑的人生。

致 谢

感谢乔尼·罗杰斯帮助我们启动了这个项目。尤其感谢我们的著作代理人吉尔·马萨尔，他为我们找来了出版商。感谢斯蒂芬妮·兰德的编辑工作。

感谢洛克萨妮·艾瑞克森·克莱恩、杰夫.萨德、迈克尔·雅普克、丹尼尔·雅普克、史帝夫·莱卡顿、亚历克斯·辛普金斯和安妮伦·辛普金斯在这些年来提供的难能可贵的帮助。

感谢安·伯德的行政助理工作，感谢理查德·伯德为这本书制作了精彩的视频和插画。

感谢 New Page Books 出版社的迈克尔·普伊和劳伦·曼奈在这个项目中给予的支持。

最后，感谢我们的家人和朋友，你们提出了很多积极有益的批评，而且总是默默地站在身后支持我们。

图书在版编目（CIP）数据

如何停止胡思乱想 / (美) 卡罗尔·克肖, (美) 比
尔·韦德著；方一雲译. -- 上海：上海交通大学出版
社, 2022.3（2024.3重印）
ISBN 978-7-313-25898-4

Ⅰ.①如… Ⅱ.①卡… ②比… ③方… Ⅲ.①焦虑 -
心理调节 - 通俗读物 Ⅳ.①B842.6-49

中国版本图书馆CIP数据核字(2021)第233184号

上海市版权局著作权合同登记号 图字 09-2021-982

Copyright © 2017 by Carol Kershaw,EdD J.William Wade, PhD
Through Andrew Nurnberg Associates International Limited

如何停止胡思乱想
RUHE TINGZHI HUSILUANXIANG

作   者：[美]卡罗尔·克肖   [美]比尔·韦德
译   者：方一雲
出版发行：上海交通大学出版社　　　地　　址：上海市番禺路951号
邮政编码：200030　　　　　　　　　电　　话：021-52717969
印   制：三河市宏图印务有限公司　　经　　销：全国新华书店
开   本：880mm × 1230mm 1/32　　印　　张：8.75
字   数：200千字
版   次：2022年3月第1版　　　　　印　　次：2024年3月第4次印刷
书   号：ISBN 978-7-313-25898-4
定   价：55.00元